微自由活塞动力装置燃烧基础研究

王谦　柏金　何志霞　著

江苏大学出版社
JIANGSU UNIVERSITY PRESS
镇　江

图书在版编目（CIP）数据

微自由活塞动力装置燃烧基础研究 / 王谦，柏金，
何志霞著. -- 镇江：江苏大学出版社，2024. 10.
ISBN 978-7-5684-2061-7

Ⅰ. TK05

中国国家版本馆 CIP 数据核字第 2024ZL3010 号

微自由活塞动力装置燃烧基础研究
Weiziyou Huosai Dongli Zhuangzhi Ranshao Jichu Yanjiu

著　　者/王　谦　柏　金　何志霞
责任编辑/郑晨晖
出版发行/江苏大学出版社
地　　址/江苏省镇江市京口区学府路 301 号(邮编： 212013)
电　　话/0511-84446464（传真）
网　　址/http://press.ujs.edu.cn
排　　版/镇江市江东印刷有限责任公司
印　　刷/苏州市古得堡数码印刷有限公司
开　　本/710 mm×1 000 mm　1/16
印　　张/11.25
字　　数/228 千字
版　　次/2024 年 10 月第 1 版
印　　次/2024 年 10 月第 1 次印刷
书　　号/ISBN 978-7-5684-2061-7
定　　价/68.00 元

如有印装质量问题请与本社营销部联系（电话：0511-84440882）

前　言

自 1997 年麻省理工学院首次提出微机电系统动力(micro-elector-mechanical system)的概念,并开发了燃气透平式微动力装置样机以来,基于燃烧的微型动力装置的研究成为国际上的研究热点和前沿领域。该类微动力装置的主要优势在于碳氢燃料能量密度高,可长时间提供工作动力,一方面可以通过碳氢燃料的燃烧产生推动力,在微型卫星和微型飞行器领域有广泛应用前景,另一方面可以将燃烧产生的能量转换为机械能或者电能,直接驱动微型机电系统。

近 10 多年来,随着微动力装置在微机电系统领域的需求日益迫切,国内外研究者对此开展了研究工作。研究集中在微型燃气透平机、微型三角转子发动机、微热电和热光电系统、微型摆式发动机、微型推进器及微自由活塞发动机等,主要涉及微动力装置工作过程中流动、燃烧和传热等关键问题。研究结果表明,尺度的微小化引起微动力装置的热动力过程呈现出与常规尺度的差异性与复杂性,这些特性显著影响了微动力装置工作的稳定性和可靠性,同时制约了能量转换的方式与效率。

微自由活塞动力装置与其他微型动力装置相比,具有结构简单,只存在自由活塞的往复直线运动而无旋转部件,便于制造,更适合微型化的特点。同时,自由活塞的动能转换成电能采用线性磁电方式,转换效率高。本书针对微自由活塞动力装置尺度的微小化所呈现出的与常规尺度自由活塞发动机工作过程不同的特点,例如火焰传播淬熄距离与微尺度空间的矛盾,混合气在微尺度燃烧室的驻留时间与化学反应时间的矛盾,微尺度燃烧室大的面容比与传热损失增加的矛盾,燃烧化学反应中的自由基与壁面反应速率增加而失活的矛盾等方面,开展了系列的研究工作,旨在为相关领域的科研工作者提供参考。

全书共分为 7 章。第 1 章为绪论部分,阐述了研究背景和研究意义;第 2

章阐述了微自由活塞动力装置的结构组成与工作原理,以及装置微型化面临的问题与挑战;第3章介绍了相关的试验工作,并对微自由活塞动力装置的压燃着火、燃烧过程及参数影响规律进行了研究;第4章到第6章主要通过数值模拟方法对微自由活塞动力装置压燃过程进行了详细的研究与分析,包括启动能量、着火界限、输出功率等压燃特性影响因素;第7章基于试验与数值模拟结果,对微自由活塞动力装置设计的尺寸界限开展了详细的探讨。

本书研究内容获得了国家自然科学基金项目资助,同时作者指导的研究生在试验和数值模拟方面开展了大量工作,特别是江苏大学的研究生徐飞、张迪、赵岩、黄蓉及吴凡,在此一并表示感谢!

限于作者水平,书中难免存在疏漏和不足之处,敬请读者批评指正。

著　者

目　录

第 1 章　绪论

1.1　研究背景

第一次工业革命的到来,引发了人类对机器生产的探索,蒸汽机的出现和发展大大地促进了当时的矿产业和制造业等行业的快速发展,使得人类社会的生产方式由传统的手工制造转向了机器生产。作为动力机械最初的形式,蒸汽发动机的问世具有里程碑意义。纵观整个动力机械发展史,如果以能量密度作为评价动力装置发展的指标,不难看出,每当动力机械的能量密度提升到一个新的高度,都会给社会带来深刻的影响。从最初能量密度为0.005 W/g 的蒸汽机的出现引发了当时工业革命的高涨,到能量密度为0.05~1.0 W/g 的内燃机的问世造就了石油世纪的到来及交通革命的爆发,再到能量密度为 10 W/g 的航空发动机的发明促进了军事及航空事业的发展,同时也改变了人们的出行方式和观念。动力机械的发展与变革,同时也会促进经济与社会的发展与进步[1-3]。

科技和经济社会的进步在不断推动着制造业的升级,促使着制造业朝着"高精尖"方向快速发展,且人类对便携体验的需求越来越强烈,在这种背景下微小型电子机械集成产品得到了蓬勃发展,也因此诞生了一个新的名词——微机电系统(micro-electormechanical system,MEMS)[4,5]。如今,微机电系统已经在各行各业中得到广泛的应用,例如医疗器械行业中的微型胶囊胃镜,通信行业中的 MEMS 光学扫描仪,以及日常生活中的微型飞行器、探测器、机器人等,未来微机电系统将会在生物科技、军事等方面有更加广泛的应用[6]。机电系统的微型化必然对其动力装置的尺寸有更严格的要求,这使得动力机械朝着微、小型化的方向发展,微动力装置成为当下的研究热点。

第 29 届国际燃烧会议上,加州大学 Fernandez-Pello 教授[7]在特邀报告中指出,即使在能量转化率很低的情况下,基于碳氢化合物燃料的微动力装置的能量密度也比目前最好的电池的能量密度高好几倍。图1-1所示为液烃、内燃机、原电池和可充电池的能量密度对比图。假设碳氢燃料的能量转化效率仅有10%,基于碳氢燃料的微动力装置的能量密度也是动力电池能量密度的5~10倍。因此,微动力装置不仅具有便携的优点,而且在能量密度上也有较大优势。

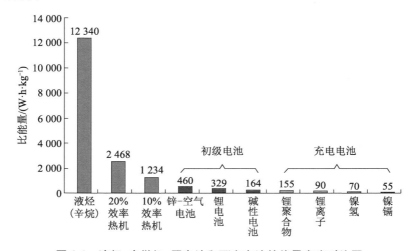

图1-1 液烃、内燃机、原电池和可充电池的能量密度对比图

总的来说,作为新一代的能源动力系统,微动力装置的出现可以说是动力机械发展史上的又一个里程碑。由于碳氢燃料的微型动力装置具有能量密度与功率密度高、补给迅速、便携方便及使用寿命长等优点,且相对于传统动力系统还具有排放柔和、无毒、无污染等优势,因此其能够符合微机电系统对动力源的各种要求。随着微燃烧及微加工技术的不断突破,微动力装置将会朝着更多样化、集成化的方向发展,其应用前景也会越来越广泛。

1.2 微动力装置的发展

一般认为,若动力装置的物理尺寸在1~10 mm范围内,则这种动力装置被称为微动力装置(micro power generation devices)。这种定义在开发微型内燃机时被广泛采用[8]。20世纪末,美国率先展开了对微型动力系统的研究,随后其受到了世界各地高校和研究机构的青睐,随即诞生了基于不同原理、不同结构的微型动力系统。纵观目前出现的微动力装置,它们中大多数都具有一个共同特征,即采用高能密度的碳氢燃料在毫米量级的微燃烧室内燃烧放热,将释放的能量转化为可供利用的电能或机械能。根据燃料燃烧后能量转化方式的不同,可将微动力装置分为热光电式微动力装置和热动式微动力装置两大类。为了让读者对微动力装置的理解更加深刻,下面简要介绍国内外已经出现的一些微动力装置。

1.2.1 热光电式微动力装置

1.2.1.1 微型热电动力装置

微型热电动力装置利用热电材料的塞贝克效应,将微型燃烧器内燃料燃烧产生的热能直接转换为电能输出。该装置中没有任何移动部件,结构简单,可靠性高。但由于热电材料的热端与冷端之间的温差难以维持,因此微热电动力装置的转化效率一般。

南加州大学 Sitzki 等[9] 和 Ronney[10] 采用 Bi_2Te_3 热电材料,成功设计出具有二维和三维结构的微型热电发生器(见图 1-2)。二维结构的微型燃烧器由线切割放电加工的方法制成,而三维结构则是由若干块二维结构拼接组成。微型热电发生器在运行过程中,混合气体沿进气通道流至燃烧器中心处,用点燃的方式实现持续燃烧,废气经排气通道从出口流出。面包卷结构的微型燃烧器扩大了对流换热面积,燃料燃烧释放的热量在排出过程中通过面包卷壁面对下一阶段的反应物进行预热,降低了微型燃烧器因尺寸的缩小而产生的热量损失,增大了反应物的焓值,同时也减小了淬火极限。在管道侧壁均匀布置热电材料,利用塞贝克效应便可直接产生电流。对于该装置,每 0.04 cm³ 输出的电能可达 0.1 W。该系统具有体积小、重量轻、无转动构件及无摩擦损失等优点,但最大的难点在于如何在复杂的三维结构中添加良好的热电装置。

普林斯顿大学与南加利福尼亚大学[11] 共同设计出一种新型瑞士卷式微型燃烧器。该燃烧器主要采用光固化立体造型技术,表面耦合热电材料(材料选用氧化铝陶瓷)的方法,在几何尺寸为 12.5 mm×12.5 mm×5.0 mm 的微燃烧室内,预混燃料(氢气/空气)通过进气道流入燃烧室,采用催化点燃的方法实现燃烧过程,燃烧产生的废气通过排气道从出口流出。当温度为 300 ℃时,预混燃料可在很宽的流量比和当量比的范围内实现稳燃,经热电转换后输出的电能可点亮一盏功率为 100 mW 的灯泡。

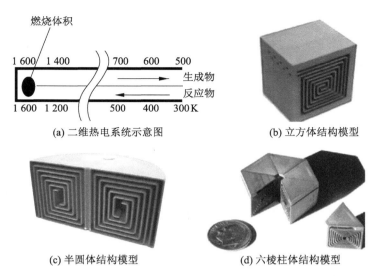

图 1-2　南加州大学制作的具有二维和三维结构的微型热电系统

1.2.1.2　微型热光电动力装置

微型热光电动力装置主要通过光电池将高温热辐射体表面发出的辐射光子转换为电能。这种能量转换系统除了具备微机电动力系统的高能量密度的特征外,还具有取材广、安装简单、无运动部件、环保等优点。

新加坡国立大学杨文明等[12,13] 率先展开微热光电系统的研究,并研制出了一种基于碳化硅材质的微型热光电系统,如图 1-3 所示。该微型热光电系统的工作原理是:燃料与氧气经预先混合冲入微型燃烧器内进行燃烧,燃烧释放的热量对外壁面进行加热,外壁面通过辐射向外释放辐射能,在圆柱形燃烧器周围放置光电池,并通过光电效应把辐射到光电池上的热能转化为电能。该微型热光电系统燃烧器的外径为 3 mm,采用当量比为 0.9 的氢氧混合气作为燃料,可获得 1.02 W 的电能输出。由于这种设计方式没有运动部件,故其具有结构简单、体积小等优点,但同样存在输出功率过小等缺点。

美国麻省理工学院 Nielsen 等利用悬浮式反应器,成功研制出一种新型微热光电系统[14]。如图 1-4 所示,该装置在反应端与进、排气端之间设置了多根由导热系数较小的氮化硅组成的热交换器,利用高温废气来预热进气,并采用催化的方法,使得其在非真空环境下,微燃烧器内能够发生充分燃烧反应。该装置通过优化燃烧的方式能够在一定程度上增大微型热光电系统的输出功率。

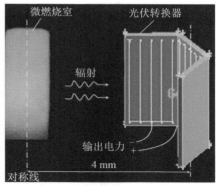

(a) 光伏电池冷却部件　　　　(b) 微型热光电系统示意图

图 1-3　新加坡国立大学研制的微型热光电系统

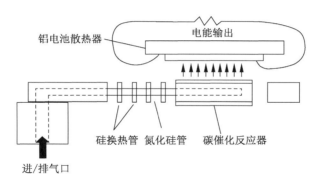

图 1-4　美国麻省理工学院研制的微型热光电系统

国内,江苏大学率先开展了对微型热光电系统的研究。潘剑锋、李德桃等[15,16]设计了微燃烧器为圆柱式及平板式结构的微型热光电系统,试验装置如图 1-5 所示。试验研究结果表明,当微燃烧器采用多孔介质材料时,其蓄热及吸热的能力明显得到增强,而且壁面的温度分布状况也得到改善。他们通过对圆柱式结构燃烧器的微型热光电系统样机进行测试,得到了系统在不同流率和不同氢氧当量比下的输出功率。当氢气的流率为 4.133 g/h 时,该系统能通过容积为 0.195 cm^3 的微型燃烧室输出 1.355 W 的电能,总效率达到 0.81%。

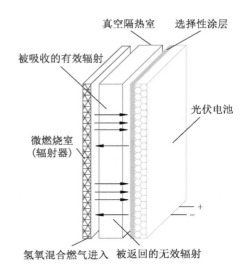

真空隔热室　选择性涂层

被吸收的有效辐射

光伏电池

微燃烧室
(辐射器)

氢氧混合燃气进入　被返回的无效辐射

图 1-5　江苏大学研制的微型热光电系统

微型热光电系统作为一种清洁高效的电力供应源,不同于大规格热机,其取消了运动部件,能量密度较高,具有能量来源广,系统简单等优点,在制造和装配上较容易且有很大效用。

1.2.2　热动式微动力装置

1.2.2.1　微型燃气轮机

微型燃气轮机的结构与常规燃气轮机的结构类似,由微压气机、微燃烧室、微涡轮机及微燃气透平这三大部件组成。其工作原理是:外界空气经进气道进入微型燃气轮机,并由微压气机进行压缩,空气的温度与压力随之升高;高温高压的空气进入微燃烧室内与燃料混合;点火装置使混合气着火燃烧,燃烧的混合气推动微涡轮机旋转,对外输出机械能或者带动微型发电设备进行发电。

美国麻省理工学院 Epstein 等[17] 参考常规燃气轮机,制造了尺寸缩小为原来的 1/40 的微型三层硅基燃气轮机(见图 1-6a),该装置体积降为 mm³ 量级。他们发现燃气轮机的燃烧方式采用空气与燃料预混燃烧后,热效率提升了 15% 左右。Peris 等[18] 研发出转子直径为 10 mm 的单级轴向微型涡轮机,实现燃料化学能向电能的转变。涡轮机由不锈钢制成,采用模压电火花加工。经测试,该微型涡轮机转速可达 160 000 r/min,最大机械功率为 28 W。该微型涡轮机与微型发电机设备耦合时,可以产生 16 W 的电功率,总系统效率达到 10.5%。Mehra 和 Waitz[19]设计研发了一种燃烧室由六层硅基构成的微型燃气轮机(见图 1-6b),燃料为氢气与空气混合气,研究发现在混合气的质量流量为 0.045 g/s 时,微燃气轮机对外输出功率接近 10 W。随后 Mehra 等[20]研发了一种燃烧室由六层硅片结构组成的微型燃气轮机,将微燃气轮机的系统效率与对外输出功率进一步提高。综合考虑制作的材料限制、成本限制、密封问题、噪声控制、叶轮及叶面损失问题,微型燃气轮机还需进一步研究与改进。

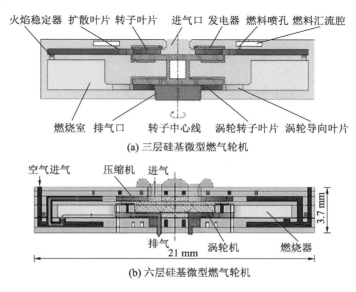

(a) 三层硅基微型燃气轮机

(b) 六层硅基微型燃气轮机

图 1-6　微型燃气轮机

1.2.2.2　微型三角转子发动机

如图 1-7 所示,微型三角转子发动机主要由三角转子及壳体组成,区别于线性运动的活塞式发动机,它是在同一个气缸内完成的工作循环的。微型三角转子发动机的转子将壳体内部分为三个区域,依靠转子转动时三个区域内部的体积变化,完成发动机进气、压缩、膨胀及排气 4 个冲程。此过程中燃料的化学能转变为转子的动能,从而对外输出机械能;偏心轴与其他微型发电机耦合,对外输出电能。

三角转子发动机的概念及设计思路最早由汪克尔提出,1954 年 NSU 公司成功研制第一台转子发动机[9,21]。随后,Martinez 等[22]和 Fu 等[23,24]开发了第一台微型转子发动机样机,如图 1-7 所示,该样机缸径减小至 12.5 mm,三角转子的半径减小至 5 mm。当采用 H_2 与空气的混合气作为燃料时,该样机的净输出功率可达 3.7 W。刘宜胜[25]、钟晓辉等[26]和郑精辉等[27]借鉴现有技术与设计思路开发出了不同结构的微型三角转子发动机,他们所设计的样机具有结构更紧凑、体积更小、输出功率更高的特点。目前,制约微型三角转子发动机发展的主要因素为气缸的密封性问题,以及转子与气缸的磨损问题,随着 MEMS 技术的成熟及新型材料的涌现,微型三角转子发动机具有较大的发展前景。

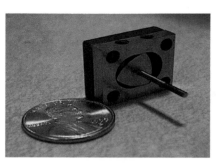
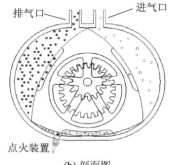

(a) 结构示意图　　　　　　　　(b) 剖面图

图 1-7　微型三角转子发动机的结构示意图及剖面图

1.2.2.3　微型摆式发动机

如图 1-8 所示,微型摆式发动机主要由中心摆、壳体及基座组成,依靠壳体内部的中心摆往复摆动,将壳体内部空间划分为 4 个独立的区域,每个区域可看作一个微型的燃烧室(气缸),采用四冲程的奥托循环将燃料燃烧的化学能转换为机械能。与其他微型动力装置类似,微型摆式发动机亦可在输出轴上耦合微型电力设备,实现电能的输出。

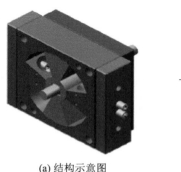
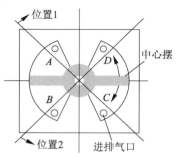

(a) 结构示意图　　　　　　　　(b) 剖面图

图 1-8　四冲程微型摆式发动机结构示意图及剖面图

微型摆式发动机的概念最早由美国密歇根大学的研究团队[28,29]提出,并成功制作出样机。该团队所设计的微型摆式发动机其实是一种旋转震荡的自由活塞发动机。这种微型摆式发动机在燃料选择为液氢的情况下,可以对外输出近 20 W 的功率,并且在工作循环中没有"死点",即可进行冷启动[30]。周桐[31]提出了一种功重比高的微型旋转摆式发动机,并通过试验方法与数值模拟相结合的方式进行了变参数研究,如燃烧持续时间、转子与腔壁间的泄漏量等。郭志平等[32]对微型摆式发动机设计时所需要考虑的结构特点及性能参数进行了阐述,并给出几种设计方案。任志勇等[33]、吴书伟等[34]及赵罗光等[35]对微型摆式发动机的振动特性、中心摆的变形及燃烧室结构进行了分析,为微型摆式发动机的设计提供了理论依据。

1.2.2.4 微自由活塞动力装置

相对于其他动力机械的结构形式,自由活塞发动机的结构简单,无曲柄连杆机构,因此其非常适合微型化。同时,由于自由活塞的特殊结构,活塞在气缸中的运动不受机械部件的限制,可以避免不必要的机械传动损失,因此能量转化效率高。微自由活塞动力装置就是基于自由活塞发动机的几何结构上进行微型化,由于活塞的运动是线性往复的,因此对外输出电能是一种能量转化率更高的途径。如图 1-9 所示,微自由活塞动力装置主要由活塞、线圈及壳体组成。

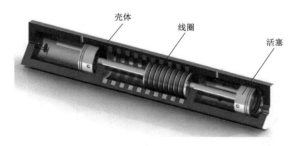

图 1-9 微自由活塞动力装置结构示意图

美国明尼苏达大学和 Honeywell 公司共同提出基于 HCCI(homogeneous charge compression ignition,均质充量压燃)燃烧方式的微型自由活塞动力装置的概念[36,37],并在一根半径为 3 mm 的圆管内实现 HCCI 燃烧,证明了微型HCCI 自由活塞动力装置设计方案的可行性。Aichlmayr 等[38,39]对微自由活塞发动机的零维模型进行了构建和分析,并建立了一套微尺度下微型自由活塞发动机特有的性能评估体系,随后通过试验手段研究了微型自由活塞发动机内 HCCI 压燃过程,试验过程中测量到单缸单次的最大输出功率可达到 60 W。明尼苏达大学研制的试验装置及工作原理示意如图 1-10 所示。

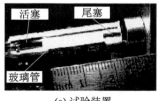

(a) 试验装置

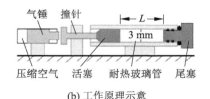

(b) 工作原理示意

图 1-10　明尼苏达大学研制的试验装置及其原理示意

国内,中国科学院工程热物理研究所黄福军等[40]设计并搭建了内径为 24 mm 的微型自由活塞发电机样机。他们设计的微型自由活塞发电机样机的工作原理示意及试验装置如图 1-11 所示,该样机为双活塞式结构,左右两个活塞相对布置。该样机的特别之处是采用了电热辉光塞点火方式启动发动机,这种点火方式无须点火控制策略,简单方便,解决了自由活塞发动机因无固定着火时刻而无法直接控制点火的问题。样机的两端气缸之间的连杆与圆筒单相直线发电机耦合,在气缸着火后带有永磁体的连杆实现往复运动,从而使直线电机的定子绕组切割磁感线产生电能。

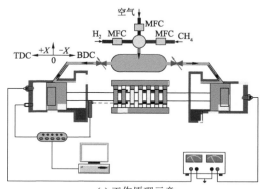

(a) 工作原理示意

(b) 试验装置

图 1-11　黄福军等设计的微型自由活塞发电机样机的工作原理示意及试验装置图

样机中使用的辉光塞为航模发动机型辉光塞,其内部结构及实物如图 1-12 所示。航模发动机型辉光塞主要由导热棒、铂丝和保险绝缘层组成。使用时电源与导热棒连接,使得内部的铂丝发光发热,铂丝的温度与电源电流呈正相关,加热后的铂丝点燃气缸内的压缩气体。与火花塞点火不同的是,火花塞点火应用在传统的曲柄连杆发动机上,其点火正时由 ECU 电子控制;该样机中应用的辉光塞点火没有固定的点火位置,且处于常开状态,点火正时只与气缸内被压缩气体的状态有关。另外,铂丝本身是一种催化剂,在铂丝的氧化催化作用下,燃料更容易被点燃。在自由活塞发动机成功启动达到平稳运行状态时,切断辉光塞电源,让发动机执行 HCCI 燃烧模式,使得发动机的热效率及排放性能得以提高。

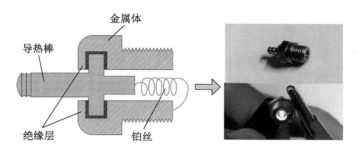

图 1-12 航模发动机型辉光塞内部结构及实物[28]

本书基于耦合动力学与燃烧化学反应,建立了微自由活塞发动机三维燃烧过程的数学模型,实现自由运动边界网格技术;详细阐述了着火时刻、着火压力和温度的变化特性;分析了活塞质量、燃烧室长径比、当量比等对微发动机燃烧特性和做功能力的影响;考虑了传热特性及泄漏因素的影响;同时对采用预热、催化等方法的微燃烧过程进行了燃烧界限拓宽的探索[41-44]。

1.3 微动力装置面临的挑战

尽管国内外学者对微型动力系统进行了大量研究,然而对微型动力系统的核心部件——微燃烧室的设计仍面临许多挑战,这些挑战极大地限制了微型动力装置的进一步发展。

1.3.1 材料与加工质量不过关

普通发动机机体大多数采用铝合金铸成,铝合金具有强度高、易锻造和抗腐蚀性好的特点,能够满足宏观发动机对材料的要求。但对于微型动力装置而言,普通的合金材料已难以满足微发动机的要求。首先,由于燃烧需要在规格为毫米级别的微燃烧室内发生,必然会使微燃烧室形成超高温高压的环境,而一般的合金材料在此环境下难以保持其结构完整性;其次,微燃烧室面容比大的特点导致了微发动机在运行时散热损失严重,大量的热量损失会降低反应温度,使其着火条件更加苛刻,因此对微发动机加工时应考虑选取导热率小的材料;最后,不同于常规尺寸部件的加工方式,微动力装置各部件之间的精密匹配及各集成系统的嵌入难题都会给微加工技术带来挑战,因此加工材料还应满足易加工的特点。

1.3.2 热量损失严重

常规发动机燃烧室壁面的热损失可以忽略,而微型燃烧室因尺寸减小,比表面积增大,燃烧室壁面热量损失严重,易导致火焰焠息,不仅降低微燃烧室的燃烧效率,还影响燃料燃烧的稳定性,限制了微型动力系统的进一步发展。对燃烧器来说,表面热损失与燃烧反应总的放热量之比为

$$\frac{E''}{\dot{E}} = \frac{A_s h(T - T_w)}{V_0 l \times \dot{Q}} \tag{1-1}$$

若给定燃料、进气温度压力及当量比,燃烧中每单位体积所释放的能量 $\dot{Q}$ 不变。不同流动工况时雷诺数与努塞尔数的关系不同,在湍流工况下努塞尔数与雷诺数的关系式为

$$Nu_d \propto \sqrt[5]{Re_d^4} \tag{1-2}$$

为了简便起见,两种流动工况都采用式(1-2),得到对流换热系数为

$$h = \frac{k \cdot Nu_d}{d_h} \tag{1-3}$$

由式(1-3)可知,对流换热系数与水力直径的 1/5 次方成反比。燃烧器的面积和水力直径的二次方成正比,燃烧器体积和水力直径的三次方成正比。假设对于常规的燃烧器和微小型燃烧器中壁面与流动间的温差大约相等,综合考虑,则式(1-1)可写为

$$\frac{E''}{\dot{E}} = \frac{1}{d_h^{1.2}} \tag{1-4}$$

微动力装置的水力直径在毫米级别,比宏观动力装置的水力直径要小得多。由式(1-4)可知,微动力装置的热量损失与燃烧产热之比要比宏观动力装置大约小两个数量级。首先,由于热量损失大,微型燃烧器较难达到常规

燃烧器的效率。其次,热量损失使反应温度降低,化学反应的时间增加,导致可燃极限范围变窄。这样的情况使得混合气停留时间短的问题更加恶化。

减少微燃烧室壁面的热量损失可以从以下几个方面考虑:① 提高燃烧室壁面的温度,降低壁面与可燃混合气之间的温度差;② 采用催化燃烧的手段降低燃料的着火温度,进而降低燃烧室最高温度峰值,减少热量损失;③ 传热速率与气体的流速成正比,与气体的运动黏度成反比,因此可以降低燃烧室的混合燃料的流速,使用适当的混合燃料的浓度,从而降低传热速率,减少热损失。

1.3.3　驻留时间短,反应不充分

对于常规燃烧室来说,以 GE90 燃烧室为例,当燃烧室的长度为 200.0 mm 时,燃料停留时间大约为 7 ms,相比燃烧反应时间,燃料在燃烧器中驻留的时间较长,此时燃料几乎能完全燃烧。而微燃烧室的尺寸缩小至毫米级,燃料的停留时间更短,约为 0.5 ms,与燃料的化学反应时间(0.1 ms)属于同一数量级,易导致燃料尚未完全燃烧就已流出燃烧室,大大降低燃烧效率。表 1-1 为微热机燃烧器与传统 CE90 燃烧器的参数比较。

表 1-1　传统 CE90 燃烧器与微热机燃烧器的参数比较[45-47]

参数	传统 CE90 燃烧器	微热机燃烧器
长度/m	0.2	0.001
容积/m³	0.073	6.6×10^{-8}
横截面积/m²	0.36	6×10^{-5}
进口总压/kPa	3 799.7	405.3
进口温度/K	870	500
质量流率/(kg·s⁻¹)	140	1.8×10^{-4}
驻留时间/ms	0~7	0~0.5
效率/%	>99	>90
压比	>0.95	>0.95
出口温度/K	1 800	1 600
功率密度/(MW·m⁻³)	1 960	3 000

对于采用气态燃料的微动力装置,常采用 Danker 数 Da_1 来表征燃料在燃

烧室中的时间限制，Da_1 能够很好地说明燃料的反应时间与驻留时间的关系。

$$Da_1 = \frac{\tau_{\text{residence}}}{\tau_{\text{reaction}}} = \frac{VP}{mRT} \Big/ \frac{[\text{fuel}]}{A[\text{fuel}]^a[O_2]^b e^{-E_a RT}} \qquad (1\text{-}5)$$

式中：V 为容积；P 为压力；m 为质量流率；R 为气体常数；T 为温度；A 为反应速度因子；a,b 为常数；E_a 为活化能；$[\text{fuel}]$ 为反应物浓度。

由式(1-5)可知，动力装置的微型化，会使燃料/空气在微型燃烧室内的驻留时间 $\tau_{\text{residence}}$ 缩短，为保证燃料稳定燃烧及完全燃烧，Danker 数要大于 1，即在动力装置微型化的同时，尽量缩短燃料的化学反应时间，如采用催化燃烧的方式提高微尺度条件下的燃烧效率等。

1.3.4 壁面淬熄

对于微小尺度燃烧而言，表面积与体积的比值增大，使燃烧器壁面损失增大的同时，也增加了反应自由基和壁面碰撞销毁的发生概率，即易发生壁面淬熄。

1.4 本书主要研究内容

鉴于以上挑战，研制高效且燃烧性能稳定的微型动力系统对微机电系统的未来发展具有重要意义，在常规发动机研究的基础上，需要不断开拓更有效的燃烧方式并优化方案。与传统发动机研究方法一样，对微自由活塞动力装置的研究主要分 4 个阶段，即稳定燃烧过程的研究、提高工作效率的研究、污染物排放控制的研究，以及设计与优化发动机结构尺寸的研究。本书首先对微自由活塞动力装置的核心问题开展了研究，即研究微燃烧室中均质混合气压缩的燃烧过程。本书采用可视化试验研究与数值模拟研究相结合的方法，详细分析了微小空间内均质混合气压缩的燃烧特性，旨在探索微压缩燃烧理论，为设计开发微燃烧室及微自由活塞动力装置提供更多可靠的理论依据，具体研究内容如下：

（1）搭建微自由活塞动力装置单次压缩着火过程的可视化试验平台，借助高速数码相机与微传感器等设备，对微压缩燃烧过程开展可视化试验研究，分析自由活塞运动特性与均质混合气在微小空间里的燃烧特性。

（2）建立微自由活塞动力装置单次压缩着火过程的多维数学模型，结合动网格技术及耦合化学反应动力学模型，对微压缩燃烧过程进行数值模拟，并与试验结果进行对比验证;分析自由活塞质量、压缩初速度、微燃烧室直径与长度、均质混合气当量比、初始温度及初始压力,以及混合气泄漏对微压缩燃烧过程的影响,并初步研究催化剂对微燃烧过程的影响。

(3)获得混合气临界压缩着火条件,探讨微自由活塞动力装置的启动条件;分析微燃烧室设计过程中,泄漏间隙的取值界限、自由活塞压缩初速度与活塞质量的取值,及微燃烧室直径与长度的选择,并针对着火界限拓展及尺寸界限拓展开展详细研究。

第 2 章　微自由活塞动力装置的结构及工作原理

微自由活塞动力装置在结构上与常规尺寸的自由活塞发动机基本类似，由于缺少曲柄连杆机构，它们都需要借助能量输出辅助装置来实现能量转化。但与常规尺寸的自由活塞发动机不同的是，首先，微自由活塞动力装置要求结构更加简单，且由于微尺度对燃烧的限制作用，微自由活塞动力装置在燃烧方式上不能简单采用宏观发动机的点火或压燃方法。其次，在燃料的选取上，常规发动机的燃料选用具有多样性，但是在微发动机上无法实现高压燃油喷射及增加复杂的燃油系统装置，目前对微自由活塞动力装置的研究均采用气态的碳氢燃料。最后，由于微尺度燃烧容易发生失火与壁面焠熄，因此对此类微装置内的燃烧需要采取一些合适的稳燃方法。

为了让读者更好地了解微自由活塞动力装置的概念，本章先介绍自由活塞发动机的结构与工作原理，再在自由活塞发动机概念的基础上引入微自由活塞发动机的概念。

2.1　自由活塞发动机的结构及工作原理

1928 年，Pescara[48]首次提出自由活塞发动机的概念，相对于传统发动机，自由活塞发动机的结构简单，取消了曲轴、曲柄连杆、气阀和凸轮机构等装置，各个部件之间通过自由活塞相结合，并且自由活塞在运动方向上没有刚性约束，自由活塞通过往复运动对外输出机械能。一个完整的自由活塞发动机必须包括燃烧室、反弹室和负载[49]三个部件。根据燃烧室中活塞个数与相对位置的布置情况，自由活塞发动机主要可分为单活塞式、双活塞式和对置活塞式发动机三类[50]。如图 2-1 所示，单活塞式发动机由燃烧室、一组活塞和负载组成，相比于其他结构形式，单活塞式发动机相对比较容易控制，活塞反弹装置能够精确控制燃烧室的压缩过程，从而控制压缩比与有效冲程,但由于结构的不对称性,需要额外的结构装置来调节运行平衡;双活塞式发动机由两个燃烧室及两个活塞组成,相比其他结构形式,无须额外的活塞回复装置,可更多地输出有效功率,但燃烧室内混合气体燃烧状态的细微变化会影响下一阶段的工作情况,需要相对精确的控制系统;对置活塞式发动机由一个燃烧室及两个活塞组成,相比其他的结构形式,对置活塞式发动机由于没有气缸盖,可以减少传热损失,且拥有两个对称的活塞反弹装置,其工作过程比较平稳,但需要附加额外的同步机构,对活塞行程的控制比较困难,这对对置活塞式发动机的发展产生了很大的制约。单活塞和双活塞式发动机相比于对置活塞式发动机,结构更紧凑,因此国内外学者对前两种类型的自由活塞发动机进行了更多的研究[51,52]。微自由活塞动力装置的结构与常规尺度的自由活塞发动机相似,活塞布置一般也采用单、双活塞式结构。由于微尺度加工技术的限制,目前市场上还没有微自由活塞动力装置的样机,对微自由活塞动力装置的研究与开发还处于试验阶段。

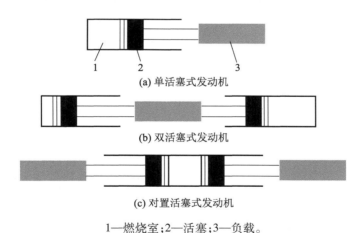

(a) 单活塞式发动机

(b) 双活塞式发动机

(c) 对置活塞式发动机

1—燃烧室;2—活塞;3—负载。

图 2-1　自由活塞发动机的分类[51]

　　区别于传统有曲柄连杆机构的内燃机,自由活塞发动机中活塞运动受燃烧室内气体作用力的影响,没有固定的上、下止点位置,具有可变的压缩比。自由活塞发动机活塞布置方式不同,其工作原理也不同,且不同的活塞布置方式下自由活塞发动机根据其具体结构又有不同的工作方式,下面将根据不同结构有针对性地介绍几款目前国内外典型的自由活塞发动机。

　　图 2-2 所示为丰田公司为增程式电动车研发的一款自由活塞发动机线性

发电机[53]。该设计采用的是单活塞式自由活塞发动机结构,单活塞布置在回位弹簧与燃烧室之间,且活塞与弹簧装置相连接,当气缸中燃烧发生膨胀做功时,弹簧装置被压缩,储存弹性势能;当活塞到达下止点位置后,气缸中重新输入新鲜充量,弹性势能推动自由活塞复位,完成压缩冲程,如此实现循环往复运动。丰田公司表示,该款发动机的机械结构相对传统发动机要简单很多,在连续工作工况下,其平均热效率能够达到42%,如此简单、紧凑的设计方式将会成为内燃机未来的发展趋势。

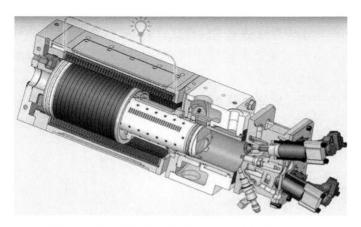

图 2-2　丰田公司研发的单活塞式自由活塞发动机

图 2-3 所示为圣地安国家实验室 Blarigan[54]设计搭建的一款双活塞式自由活塞发动机,其缸径为 76.2 mm,自由活塞的最大冲程为 254 mm。自由活塞采用双头活塞结构设计,双头活塞分别布置在两端气缸中,永磁体则直接装配在活塞中部使发动机的整体结构更加紧凑、简单,通过采用 HCCI 燃烧模式能近似实现理想的 Otto(奥托)循环。该双活塞式自由活塞发动机的工作原理为:两气缸分别置于活塞两侧,当一个气缸进气压缩时,另一个气缸正处于排气阶段,该气缸被压缩点火后燃烧膨胀,推动活塞返回压缩另一个气缸,两个气缸发火交替循环,自由活塞则做往复运动。自由活塞的运动主要受两个气缸内的气体推力及电磁阻尼的共同作用,活塞的部分动能在运动过程中转化为电能输出。

(a) 样机实物图

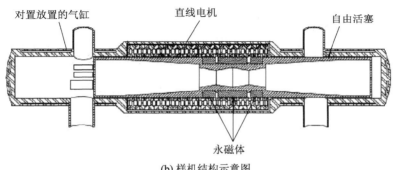

(b) 样机结构示意图

图 2-3　圣地安国家实验室设计的双活塞式自由活塞发动机样机实物图和结构示意图

目前,国内外关于对置式自由活塞发动机的研究很少,对其开发的最大难度在于同步控制两组对置活塞的运动规律。通常通过机械传动设计及电子控制使得两侧的活塞组的运动实现同步,以此消除发动机的振动,保证发动机稳定运行。图 2-4 所示为天津大学汪洋教授课题组设计搭建的对置活塞式自由活塞发动机的工作原理示意图[55],其缸径为 95 mm,自由活塞最大冲程为 104 mm。该设计中对置活塞式自由活塞发动机具有两个活塞组,活塞组中间为共用工作腔。在压缩冲程,依靠 ECU 控制电磁阀的开度来调节液压能量的输出,从而控制活塞的启动及运行。该对置式液压自由活塞发动机的工作方式为:两侧活塞同时压缩气缸,燃料着火后活塞膨胀同步返回给液压装置充能,将活塞的动能转化为液压能储存在蓄能器中。

(a) 对置活塞式自由活塞发动机实物图

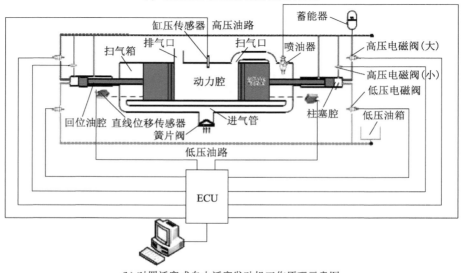

(b) 对置活塞式自由活塞发动机工作原理示意图

图 2-4　天津大学搭建的对置活塞式自由活塞发动机实物图和工作原理示意图[55]

2.2　微自由活塞动力装置的工作原理

与常规尺寸的自由活塞动力装置不同的是,微自由活塞动力装置对结构的要求更加简单。另外,常规自由活塞发动机的动力输出形式多样,常见的有磁电式和液压式。磁电式自由活塞发动机是通过活塞的运动切割磁感线产生电能,将燃料的化学能转化为电能输出;液压式自由活塞发动机是液压泵与内燃机串联组成的复合体,燃料燃烧的化学能不直接输出给负载,而是先通过液压储能装置储存起来,再对外输出功。对于微自由活塞动力装置,采用液压储能装置无疑增加了装置的复杂性,也对微尺度加工技术提出了更大的挑战。因此,在微自由活塞发动机上加装磁电转化装置使其动能转化为电能是目前最好的动力输出方式。

由于微尺度燃烧容易发生失火与火焰淬熄等问题,微发动机燃烧方式的选取具有很大的意义。HCCI 是一种新型的宏观发动机燃烧方式,最早由 Onishi 等[56]提出并应用在二冲程发动机上。这种燃烧方式具有以下特点:① 多点着火,燃烧迅速且充分,接近无火焰传播过程;② 可以实现稀薄燃烧,且燃烧温度低,热效率高;③ 着火只受化学动力学控制;④ 排放性能优越;等等。

HCCI 之所以能够成为继压燃(compression ignition,CI)和点燃(spark ignition,SI)后的第三种发动机燃烧方式,并在现阶段成为各大科研机构的研究热点,是因为采用 HCCI 燃烧方式能够显著地提高尾气排放性能和发动机热效率[45]。对于本书研究的微自由活塞动力装置而言,HCCI 燃烧方式被采用是出于以下几个原因:首先,微自由活塞发动机的运行频率高(300~1 000 Hz),是宏观发动机运行频率的 10 倍以上。在如此短的时间段内,发动机要完成进气、压缩、燃烧及膨胀做功过程,如果采用传统的燃烧方式(CI 或 SI),会导致微燃烧室内出现燃料不能充分燃烧的情况。而 HCCI 燃烧过程中的多点着火、燃烧迅速的特点则能很好地避免以上的问题。其次,微燃烧室的面容比大,壁面散热严重等问题会使得微发动机容易出现失火和火焰淬熄现象,而在 HCCI 燃烧方式下的近似无火焰传播的燃烧过程就基本上能够在一定程度上避免出现失火和淬熄的现象。然后,HCCI 燃烧本质上是一种低温燃烧方式,它可以使得燃料与空气在均质混合后实现稀薄燃烧,从而降低燃烧室内的燃烧温度与压力,降低微发动机对微燃烧室壁材料强度的要求,并拓宽其适用范围[25]。

当然,HCCI 方式还具有热效率高、排放性能优越等优势,这为未来基于 HCCI 燃烧的微动力装置的开发提供了更多的有利因素。但同时,对于微自由活塞动力装置而言,采用 HCCI 燃烧方式也会存在着火时刻难以控制等问题。只能通过改变其化学动力反应过程(如均质混合气的成分、初温和初压等)来间接控制微自由活塞动力装置的着火时刻。

图 2-5 所示为微自由活塞动力装置的工作原理示意和实物图。该装置通过对启动线圈通电产生电磁场,在电磁力的作用下带有永磁体的自由活塞运

动压缩燃烧室燃料,着火后的燃料产生爆发压力推动活塞返回压缩另一侧燃烧室内的燃料,活塞的往复运动带动永磁体的运动,从而实现线圈切割磁场产生电动势,实现电能输出。

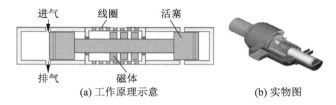

(a) 工作原理示意　　　　　(b) 实物图

图 2-5　微自由活塞动力装置的工作原理示意和实物图

2.3　微自由活塞动力装置的结构设计

对于微自由活塞发动机而言,复杂的机械结构会对微加工技术提出很大的挑战,因此,对微自由活塞发动机的设计要遵循简单的设计原则。本节主要针对微自由活塞发动机的发电系统、进排气系统、进气预热结构等进行介绍。

2.3.1　发电系统设计

传统燃油发电机是利用发动机的机械能带动转子转动从而实现发电,这样的结构设计增加了装置的复杂性,而且因存在较大的机械损失而导致发电效率低下。

图 2-6 和图 2-7 所示为本书前期针对微自由活塞发动机发电系统的设计[57]。设计的新型微自由活塞动力装置结构包括:激磁绕组、定子、定子绕组、左分离极、右分离极、微发动机机缸、燃烧室、反弹室、微发动机机盖、燃油喷射器、排气口、电流逆变器、开关、蓄电池。其特征是自由活塞式电枢既作为内燃机的自由活塞,又作为发电部件的电枢,装有一组激磁绕组和两组定子绕组的定子内部设置有微自由活塞发动机机缸,两定子绕组分别绕在定子的左分离极和右分离极上,机缸中是可以往复运动的自由活塞式电枢,机缸的一端是微自由活塞发动机缸盖,微发动机缸盖上设有燃料喷射器和排气口。其优点是将内燃机和发电机有机地结合起来,简化了设备,降低了制造加工的成本,机械能直接转化成电能,避免了机械机构传动时的能量损失,能获得较高的能量转换率。

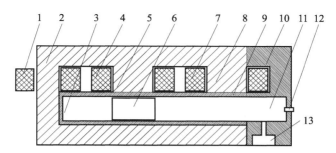

1—激磁绕组；2—定子；3—反弹室；4—左定子绕组；5—左分离极；6—自由活塞电枢；
7—右定子绕组；8—右分离极；9—微发动机机缸；10—微发动机机盖；11—燃烧室；
12—燃料喷射器；13—排气口。

图 2-6　微自由活塞发电系统结构示意图

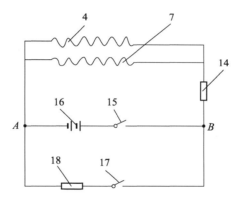

4,7—定子绕组；14—电流逆变器；15,17—开关；16—蓄电池；18—负载。

图 2-7　微自由活塞发电系统电路原理示意图

　　该发电系统具体的实现方式如下：闭合开关(15)，蓄电池(16)中发出的电流经电流逆变器(14)转化为交流电，两组定子绕组(4,7)相应地产生交变磁场作用于自由活塞电枢(6)，实现往复运动，自由活塞的运动切割磁感线产生感应电流提供给负载(18)或储存在蓄电池(16)中。

2.3.2　进排气系统设计

　　二冲程发动机的工作效率在很大程度上取决于发动机的进气效果和扫气效率，而对于微自由活塞动力装置而言，由于微燃烧室的尺度小、进气阻力大，其在工作过程中容易出现进、排气不充分等问题，故改善其内燃机部分的进气和扫气效果的问题能够极大地提高其发电效率。针对微尺度下换气困难的问题,本书提出了一种新型的多点进气式气态燃料微自由活塞动力装置设计方法[58],微发动机的进气不需要外部增压装置,而是由自身活塞驱动,且采用多点进气使得燃料分布更均匀,多点同时压缩着火使活塞受力更平衡。多点进气式微自由活塞发动机的结构如图2-8所示。

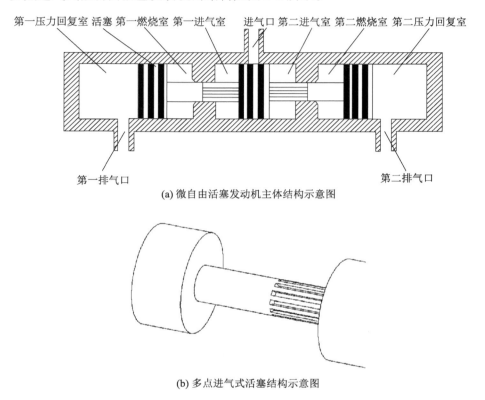

(a) 微自由活塞发动机主体结构示意图

(b) 多点进气式活塞结构示意图

图 2-8　多点进气式微自由活塞发动机的结构示意图

新型多点进气式微自由活塞发动机的结构组成包括:压力回复室、燃烧室、进气室、排气室活塞机构、压缩活塞等。第一活塞机构将第一空腔分隔为第一压力回复室和第一燃烧室;第二活塞机构将进气室分隔为第一进气室和第二进气室,且设于连杆的中央;第三活塞机构将第二空腔分隔为第二压力回复室和第二燃烧室;进气室的两端与第一空腔和第二空腔之间设有隔板;排气系统被配置在气缸下部分的两端;进气口配置在气缸的进气室的中间;连杆上还刻有均匀的凹槽,所述凹槽沿连杆的轴向设置,有助于混合燃料均匀压缩至燃烧室中。

　　具体的实现方式如下：图 2-9 所示为微自由活塞发动机的第一冲程，即活塞机构从气缸第一位置向气缸第二位置移动的情形。如图 2-9a 所示，首先，进气口打开，混合燃料气体从进气口进入第二进气室，活塞机构此时处于气缸的第一位置，第一燃烧室在上一冲程中已充满混合燃料，第二燃烧室在上一过程也已发生燃烧事件，混合燃料发生燃烧膨胀推动活塞机构开始向第二位置运动；参考图 2-9b，磁性活塞机构向第二位置移动，第一燃烧室中的混合燃料气体开始被压缩，第二进气室的混合燃料气体也开始慢慢被压缩；当磁性活塞机构在混合燃料燃烧膨胀的作用下移动至图 2-9c 所示位置时，第二燃烧室中燃烧产生的高温高压废气开始从第二排气口排出，第一燃烧室中的混合燃料处于高压缩比中；参考图 2-9d，磁性活塞机构移动到第二位置，第二进气室中的混合燃料已完全压缩至第二燃烧室，通过连杆上的凹槽，混合燃料均匀压缩至第二燃烧室且在将第二燃烧室中残余的高温高压气体从第二排气口扫出，第一燃烧室中混合燃料达到所需自燃点，燃烧事件发生。

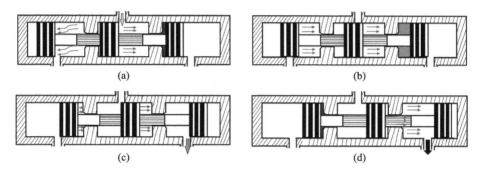

图 2-9　微自由活塞发动机的第一冲程

　　图 2-10 所示为微自由活塞发动机的第二冲程，即活塞机构从气缸第二位置向第一位置移动的情形。参考图 2-10a，磁性活塞机构处于气缸的第二位置，第一燃烧室经历第一冲程已处于燃烧状态，第二燃烧室也已充满混合燃料，进气口处于打开状态，混合燃料气体从进气口进入第一进气室，混合燃料燃烧膨胀推动活塞机构开始向第一位置移动；参考图 2-10b，磁性活塞机构逐渐向第一位置移动，第一进气室中的混合燃料气体慢慢被压缩，第二燃烧室中的混合气体也逐渐被压缩；当磁性活塞机构在燃烧膨胀的作用下继续向第一位置移动至如图 2-8c 所示位置，第一燃烧室中燃烧产生的高温高压废气开始从第一排气口排出，第二燃烧室中的混合燃料处于高压缩比状态；参考

图 2-10d,当磁性活塞机构移动至第一位置时,第一进气室中的混合燃料通过活塞机构上的凹槽已均匀压缩至第一燃烧室,且将第一燃烧室中残余的高温高压废气从第一排气口扫出,第二燃烧中混合燃料达到所需自燃点,燃烧事件发生。

重复上述过程,活塞机构在气缸中进行二冲程压燃式工作过程。

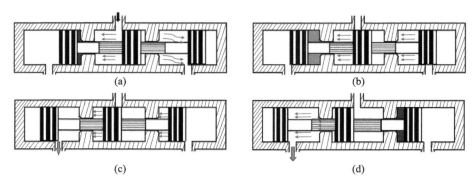

(a)   (b)

(c)   (d)

图 2-10   微自由活塞发动机的第二冲程

2.3.3   进气预热结构设计

微发动机散热损失严重,且燃烧受到微尺度的限制,使得微燃烧室难以着火。目前国内外的研究均聚焦于采用进气预热的方式来提高微发动机的着火性能。本节介绍一种进气预热式微自由活塞动力装置的结构设计[59]。该设计中将燃烧室产生的废气回收用来预热进气,同时也改变了燃烧室的热边界条件。

如图 2-11 所示,进气预加热式微自由活塞发电机包括:磁性活塞、微燃烧室气缸、混合气喷射器、进排气通道、废气腔、扫气板、单向排气阀门、激磁绕组、定子、定子绕组、左分离极、右分离极、电流逆变器、开关、蓄电池等;自由活塞发电机的定子和磁性活塞均由磁性能极好且电阻率高的耐热材料制成,磁性活塞同时又作为电枢,发电机的启动靠电磁力来完成;左定子绕组和右定子绕组分别绕在定子上半部分的左分离极和右分离极上,左定子绕组和右定子绕组的组数、左分离极和右分离极的个数与微燃烧室气缸的长度相匹配,定子的左分离极和右分离极的横截面积相等,形状相同;微燃烧室气缸中是可以往复运动的磁性活塞,磁性活塞共有两个,由活塞连接杆相连,当一端微燃烧室气缸内混合气体燃烧膨胀做功,推动磁性活塞运动,同时压缩另一端微燃烧室气缸内的混合气体,受力平衡;微燃烧室气缸两侧各设有一个混合气喷射器,微燃烧室气缸内壁与定子下半部分两端的上端面形成左右排气通道,左右排气通道内设有与混合气喷射器连接的左右进气通道,定子下半部分的中部开有进气孔,并与左右进气通道相连接;左右排气通道入口处设有左右单向排气阀门;定子下半部分中间靠近微燃烧室气缸位置,开设废气腔,废气腔内设有扫气板,扫气板将废气腔分为左右两个不相连通的空间,扫气板与活塞连接杆相连,随着磁性活塞与活塞连接杆的往复运动,压缩废气腔中的废气,将废气经排气通道排出微发动机;将进气通道布置在排气通道内,由于废气中含有一定的热量,流经排气通道时可以对进气通道进行加热,进而达到对混合气预热的目的。

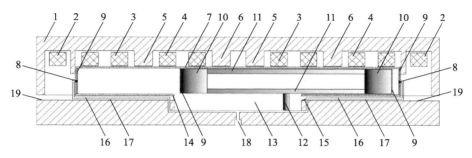

1—定子;2—激磁绕组;3—左定子绕组;4—右定子绕组;5—左分离极;6—右分离极;
7—微燃烧室气缸;8—混合气喷射器;9—催化剂涂层;10—磁性活塞;11—活塞连接杆;
12—扫气板;13—废气腔;14—左单向排气阀门;15—单向排气阀门;16—进气通道;
17—排气通道;18—进气孔;19—排气孔。

图 2-11　微自由活塞发电机示意图

具体的实现方式如下:使用时,首先闭合蓄电池开关,蓄电池中发出的电流经电流逆变器转化成交流电,经左定子绕组与右定子绕组相应发出交变的磁场,交变的磁场作用于磁性活塞使其做往复运动,这样就完成了发电机的启动工作。

磁性活塞在交变磁场中左右运动,获得一定的运动速度后,打开混合气喷射器开始喷射混合气体。如图 2-12a 所示,磁性活塞向右运动时,左端混合气喷射器开启,向左微燃烧室气缸内喷射混合气体;如图 2-12b 所示,磁性活塞运行至最右端,左微燃烧室气缸内充满混合气体;磁性活塞开始向左运动,压缩左微燃烧室气缸内混合气的同时,右端混合气喷射器开启,开始向右微燃烧室气缸内喷射混合气体,如图 2-12c 所示;图 2-12d 为左端磁性活塞压缩左微燃烧室气缸内的混合气体,磁性活塞运行至最左端附近,此时,右微燃烧室气缸内充满混合气体;磁性活塞压缩混合气体,当压缩比达到一定值时,不需要点火装置,混合气体便会着火燃烧,如图 2-12e 所示,左微燃烧室气缸内混合气燃烧膨胀,推动活塞向右运动,同时压缩右燃烧室气缸内的混合气体,由于微燃烧室气缸内壁面与磁性活塞端面附有催化剂涂层,混合气体更容易压缩着火燃烧做功。为了提高进、排气效率,从而提高微自由活塞发电机的动力输出性能,本装置中增加了废气腔、扫气板及单向排气阀门等结构,增强了进排气功能。如图 2-12f 所示,磁性活塞向右运动时,当磁性活塞左端面运行至废气腔的左端面,与废气腔形成通道入口时,左微燃烧室气缸内混合气燃烧后的废气开始流入废气腔左边的空间内。当扫气板向左运动压缩废气腔左边空间内的废气时,左单向排气阀门才会打开,实现排气功能的同时,也避免了微发电机外空气经排气通道流入微燃烧室里;由于废气腔左边空间内的废气在上一个循环中经排气通道被压缩出去,废气腔左边空间气体较少,当扫气板向右运动时,废气腔左边空间压力变小,左微燃烧室气缸内混合气体压缩燃烧后,温度压力升高,当磁性活塞的左端面运行至废气腔的左端面时,在压力差的作用下,废气会快速流入废气腔左边空间内,排气性能增强;当右端磁性活塞运行接近最右端时,左燃烧室开始进气,如图 2-12g 所示,左微燃烧室气缸内进气的同时,将剩余的废气压缩排进废气腔内;随着右微燃烧室气缸内混合气体燃烧膨胀开始,扫气板伴随着磁性活塞与活塞连接杆开始向左运动,如图 2-12h 所示,此时磁性活塞开始压缩左微燃烧室里的新鲜混合气体,扫气板开始压缩废气腔左边空间内的废气,左单向排气阀门在气压的作用下打开并开始排气;当左端磁性活塞运行至废气腔最左端面时,左燃烧室气缸与废气腔的通道被阻断,如图 2-12i 所示,废气腔左边空间内的废气在导气板的作用下,只会经排气通道排出微发电机外,而不会进入左燃烧室气缸内;当磁性活塞运行接近最左端时,右微燃烧室气缸内废气开始流进废气腔右边空间内,且右微燃烧室开始进气,如图 2-12j 所示,如此,微自由活塞发电机一个工作循环完成。

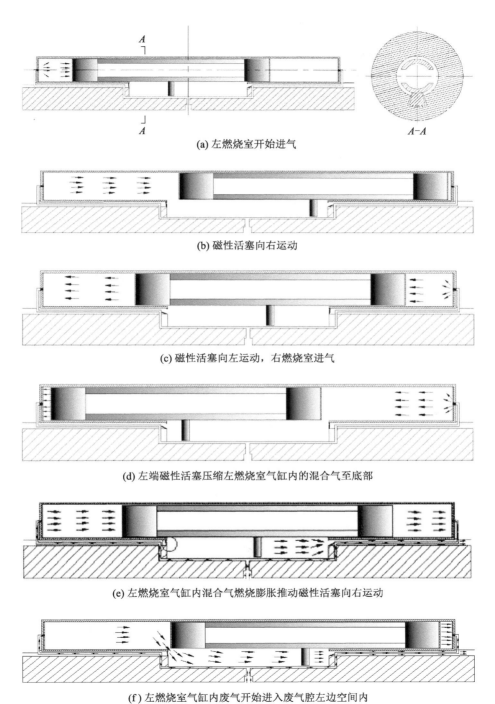

(a) 左燃烧室开始进气

(b) 磁性活塞向右运动

(c) 磁性活塞向左运动，右燃烧室进气

(d) 左端磁性活塞压缩左燃烧室气缸内的混合气至底部

(e) 左燃烧室气缸内混合气燃烧膨胀推动磁性活塞向右运动

(f) 左燃烧室气缸内废气开始进入废气腔左边空间内

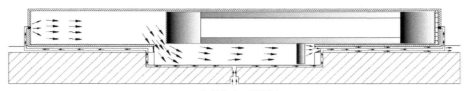

(g) 左燃烧室开始进气

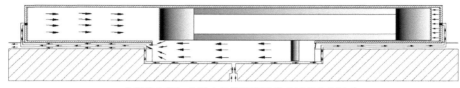

(h) 右燃烧室气缸内混合气燃烧膨胀推动活塞向左运动

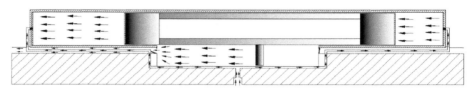

(i) 磁性活塞压缩左燃烧室气缸内混合气,废气腔左边空间内废气流入排气通道

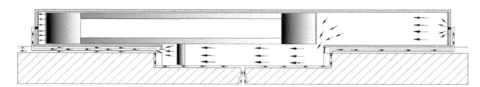

(j) 右燃烧室气缸内废气进入废气腔右边空间内,右燃烧室开始进气

图 2-12 微动力装置工作循环示意图

第 3 章　微自由活塞动力装置 HCCI 燃烧过程试验研究

由于微自由活塞动力装置的物理尺寸较小,单次压缩燃烧过程仅有几毫秒,对其进行试验研究较为困难,所以即使在国外,关于微 HCCI 燃烧过程的可视化试验研究工作也开展得非常少,利用高频微传感器直接获得均质压缩燃烧过程中混合气体压力与温度值变化研究的相关报道还没有,国内尚未见到有关微 HCCI 燃烧可视化试验研究的报道。为了直观地研究微自由活塞动力装置燃烧室内均质压缩燃烧特性及自由活塞的运动特性,本章主要介绍针对微自由活塞动力装置进行可视化试验研究的过程与成果,包括试验工作原理、装置与测试方法,微自由活塞动力装置的典型着火过程,以及针对微燃烧特性进行改善的预热、催化、掺氢试验结果与分析。

3.1　试验原理

图 3-1 所示为基于 HCCI 燃烧过程微自由活塞动力装置的试验台架,包括高硼酸硅制成的可视化微燃烧室和钢制自由活塞组成的微燃烧室主体部分;高压氮气瓶和气动装置组成的高压驱动装置;燃料瓶、氧气瓶、质量流量控制器和进气触发器组成的预混气装置;高速数码相机、燃烧分析仪、计算机组成的数据处理系统。

试验中采用二甲醚或甲烷作为微发动机的燃料,二甲醚燃料作为一种可以在煤气、天然气及生物质中制取的清洁燃料,其具有热值高、着火点低、易压燃等特点[60],是一种较为理想的微发动机燃料。相对于二甲醚,甲烷的着火点更高,但是可以通过掺混活性成分(如氢气等)来降低其着火条件。试验过程中,预混气(燃料/氧气)通过进气触发器通入微燃烧室内,其中预混合气的当量比通过调节质量流量控制器实现。高压氮气瓶给予气动装置一定的冲击力,给自由活塞提供一定的初速度,使得自由活塞向微燃烧室底部运动,实现压缩过程。随着微燃烧室体积的减小,微燃烧室内的温度与压力急剧上升,达到混合燃料着火点时,多点发生燃烧,燃烧室内的高温高压气体推动自由活塞返回运动,完成做功冲程。微燃烧底部密封处理,并连接有微压力传感器探测微燃烧室内部压力的变化,将测得的压力信号传递给燃烧分析仪。高速数码相机拍摄到的活塞运动轨迹根据相机拍摄频率可转化成微自由活塞的速度及位移曲线。

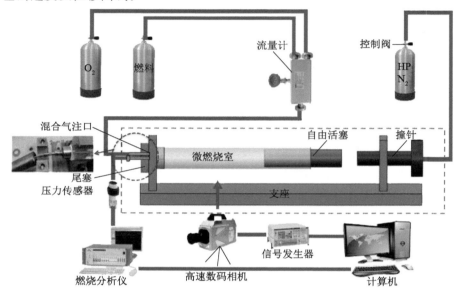

图 3-1　微自由活塞动力装置可视化试验台架

3.2　试验装置与测试方法

3.2.1　可视化燃烧室系统

微型 HCCI 自由活塞动力装置燃烧过程可视化试验最核心的部分为可视化主体,其中包括堵头、微燃烧室、自由活塞、撞针及支架。可视化主体示意图及试验装置如图 3-2 所示。堵头、微燃烧室及撞针通过支架固定在试验台架底座上,自由活塞与撞针的中心线保持相同,以防止撞针在撞击自由活塞时因出现侧向分力而损坏微燃烧室。在微燃烧室的另一端通过堵头进行紧固,防止撞针撞击过程中微燃烧室出现水平滑动而影响试验。另外,支架与试验平台底座通过绝热材料进行分隔,从而减小热量的散失。

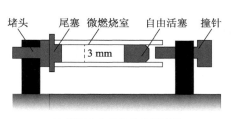

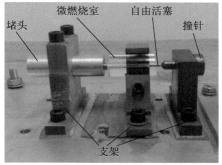

(a) 可视化主体的结构示意图　　　　(b) 可视化试验装置

图 3-2　可视化主体的结构示意图及试验装置

　　微燃烧室作为可视化主体的核心部件,其对材料的选择及加工精度都有很高的要求。通过数值模拟可知,微燃烧室内的爆发压力可能会达到几百个大气压甚至更高,而温度也可能会达到 2 000~3 000 K,普通的玻璃材料无法满足试验要求。因此,本试验选择具有耐高温、高强度且透光性能好的高硼酸硅材料制作微燃烧室,通过高精细研磨进一步提高加工精度,并且在加工完成后进行去热应力处理,减少试验过程中应力损失。自由活塞经过淬火处理,以保证在反复的撞击过程中不发生形变,并且利用电镀在自由活塞表面添加一层金属镍,以此增加自由活塞的表面光滑度,提高它与微燃烧室之间的配合精度。图 3-3 所示为试验装置中的微燃烧室、紧固支架及自由活塞示意。

(a) 微燃烧室　　　　　(b) 紧固支架

(c) 自由活塞

图 3-3　微燃烧室、紧固支架及自由活塞示意图

3.2.2　高压驱动系统

试验中驱动系统是给自由活塞提供一定的初速度,主要由气动装置、高压氮气瓶和紧固支架组成,如图 3-4 所示。试验时,将气动装置固定在紧固支架上,调节紧固支架使得气动装置与撞针位于同一高度。由于紧固支架下装有滑动底座,因此可以任意调整气动装置与撞针之间的距离;气动装置尾部连接有高压氮气瓶,通过调节氮气瓶的输出压力来控制气动装置对撞针的冲击大小,给自由活塞提供不同的初速度,气动装置可承受的最大压力不超过0.8 MPa,内部的撞针长度约为 17.5 mm。

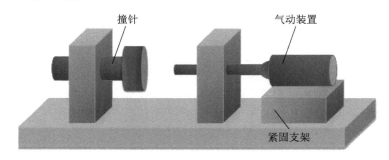

图 3-4　驱动系统示意图

3.2.3　预混气系统

均质混合燃气是实现 HCCI 燃烧的先决条件,预混燃气系统是将燃料与氧气按照一定的当量比进行混合,再充入微燃烧室内进行压缩着火试验。预混燃气系统主要由质量流量控制器和质量流量计组成,预混燃气系统的工作原理示意图如图 3-5所示。由于当量比对微型 HCCI 燃烧的着火特性以及自由活塞的动力特性有很大的影响,因此试验中选用高精密的气体质量流量控制器(见图 3-6)来对混合燃气进行

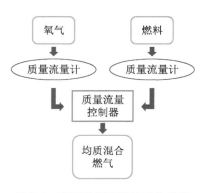

图 3-5　预混燃气系统的工作原理示意图

当量比控制。燃料及氧气的流量经过质量流量计(见图 3-7)测量,并通过质量流量控制器以一定的当量比进行预混合,最后通入微燃烧室内进行燃烧可视化试验。质量流量计的全量程为 5 000 sccm(1 mL/min = 1 sccm),测量精度为全

量程的 1%,灵敏度为全量程的 0.1%。此外,为安全起见在燃料管路中安装回火防止器,以防止试验过程中出现回火现象。

图 3-6　气体质量流量控制器(MKS247D)

图 3-7　质量流量计(MKS1179A)

3.2.4　数据处理系统

数据处理系统包括图像采集系统和压力测量系统,图像采集部分主要包括高速数码相机、镜头和冷光源。通过高速数码相机拍摄微自由活塞发动机一个工作循环内的燃烧过程图像和自由活塞的运动情况,并采用 Photron FASTCAM Analysis 软件处理自由活塞的位移与速度曲线图。考虑到微燃烧室的尺寸小,直径为 2~5 mm,长度为 10~40 mm,试验过程中采用尼康微距镜头,其最近对焦距离为 0.219 mm,放大率为 1,滤镜尺寸为 62 mm,最小光圈为 F32;考虑到微自由活塞发动机一个工作循环时间为 2~4 ms,试验过程中采用高速数码相机(见图 3-8),拍摄频率调至 40 000 Hz,并借助冷光源(见图 3-9)作为辅助光源,为微燃烧室提高亮度,其功率为 LED 白光 120 W,色温 6 600 K,照亮流明 7 500 lm。

图 3-8　高速数码相机

图 3-9　冷光源

压力采集装置包括微压力传感器(见图 3-10)和燃烧分析仪(见图 3-11)。考虑到微自由活塞发动机的一个工作循环时间较短,且微燃烧室发生着火时压力高达几百个大气压,试验中采用瑞士 Kistler 6229A 压力传感器,操作时,采用连接件与微燃烧室底部连接在一起。该微传感器基于压电效应,灵敏度高、结构精小且响应较快,其最大可测量压力约为 $5×10^5$ kPa,频率为 200 kHz。连接燃烧分析仪采样频率设为 10 kHz,可将电荷信号转换为压力信号,获取压力曲线。

图 3-10 微压力传感器

图 3-11 燃烧分析仪

在试验过程中,活塞的初始速度由高压氮气通过气动装置提供。当气动装置为自由活塞提供初始速度时,不可能确保每次施加在活塞上的力的方向正对活塞端面中心。虽然可保证活塞初始速度为某设定值,但若施加在活塞上的力偏心,引起活塞转动惯量变化,甚至会导致活塞旋转,这可能会对研究结果产生影响。此外,虽然活塞表面和微燃烧室内壁经过精细加工和电镀处理,但实际上仍然存在很小的表面粗糙度,即自由活塞在压缩冲程和膨胀冲程中仍然具有很小的摩擦阻力。再者,由于在微燃烧室底部安装了压力传感器,为了保护压力传感器不受活塞碰撞,压力传感器头部并未与微燃烧室底部平齐,这样的设计使得原有的微燃烧室体积增大,使得压力的测量值会略低于实际值。这些参数存在很大的不确定性,试验研究中无法给出精确数值和确定条件。因此,为了简化研究,试验不考虑这些实际存在而又无法确定的参数。试验开展过程中,针对变参数,同一组试验重复性研究 5 次,删除其中误差较大的测量点并求平均值,保证试验结果的精确度与可信度。

3.3 典型着火过程

压缩比 ε 作为发动机运行时的重要参数,其大小能够直接影响发动机的性能。由于自由活塞动力装置的活塞不受曲柄连杆结构的限制,导致此类发动机的压缩比不固定,压缩比的大小取决于自由活塞的运动规律。正是由于无固定压缩比,压缩比便成为评判微自由活塞动力装置着火情况的指标。图 3-12 至图 3-15 展示了微 HCCI 自由活塞动力装置可视化试验中 4 种典型的燃烧过程,即压缩未着火过程、临界压缩着火过程、完全压缩燃烧过程及超高压缩比燃烧过程,4 种典型的燃烧过程也分别代表着微自由活塞动力装置中 4 种典型的压缩比,即低压缩比、临界压缩比、着火压缩比和超高压缩比。

图 3-12 为自由活塞在初速度 13.9 m/s 下的一组微自由活塞动力装置压缩未着火过程,图中 t_0 表示以第一幅图片的时刻为起点时间,用 T 表示时间变量。微燃烧室的长度为 33.3 mm,自由活塞压缩至距离燃烧室底部 1.82 mm 时开始返回,计算得到该情况下微自由活塞动力装置的压缩比为 18.3。因为此时燃烧室内的压缩程度未能达到均质混合气的着火条件,所以微燃烧室内未出现着火现象,自由活塞仅做简单的压缩膨胀运动。在试验过程中,微燃烧室内未发生着火最直观的体现是高速数码相机中未拍摄到燃烧火焰,且通过分析自由活塞的运动规律发现活塞返回末速度要小于压缩初速度,这是由于燃料未着火时微自由活塞动力装置的指示功为零,且在压缩膨胀过程中受气体泄漏与壁面摩擦的作用,导致活塞的返回速度会出现一定程度的降低。

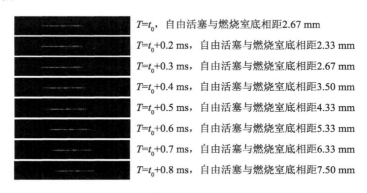

图 3-12　压缩未着火过程($\varepsilon=18.3$)

图 3-13 为自由活塞初速度 14.7 m/s 下的一组微自由活塞动力装置临界压缩着火过程。自由活塞压缩至距离燃烧室底部 1.56 mm 时开始返回,此时的压缩比为 21.4,且活塞压缩至上止点附近,微燃烧室内有微弱的火星产生,标志着临界着火发生。临界着火现象是微燃烧室内会出现小范围火星,且由

于存在工质对活塞做功的作用,自由活塞的返回末速度要略大于压缩初速度。由于临界着火工况下微燃烧室内均质混合气未发生完全燃烧,微自由活塞动力装置不能在此类工况下稳定运行,因此对微型自由活塞动力装置进行设计时,其设计压缩比需要大于临界着火对应的临界压缩比。

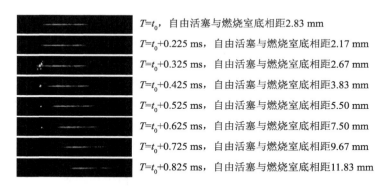

$T=t_0$,自由活塞与燃烧室底相距2.83 mm

$T=t_0+0.225$ ms,自由活塞与燃烧室底相距2.17 mm

$T=t_0+0.325$ ms,自由活塞与燃烧室底相距2.67 mm

$T=t_0+0.425$ ms,自由活塞与燃烧室底相距3.83 mm

$T=t_0+0.525$ ms,自由活塞与燃烧室底相距5.50 mm

$T=t_0+0.625$ ms,自由活塞与燃烧室底相距7.50 mm

$T=t_0+0.725$ ms,自由活塞与燃烧室底相距9.67 mm

$T=t_0+0.825$ ms,自由活塞与燃烧室底相距11.83 mm

图 3-13 临界压缩着火过程($\varepsilon=21.4$)

图 3-14 为自由活塞初速度 17.7 m/s 下的一组微自由活塞动力装置完全压缩燃烧过程。在自由活塞距燃烧室底部 0.97 mm 时,微燃烧室内出现了明显的着火现象,此时压缩比为 34.3,均质混合气燃烧释放的化学能使混合气体压力与温度值迅速上升,推动自由活塞反向运动,通过比较压缩冲程与膨胀冲程在相同时间内的位移,可以得出膨胀冲程中自由活塞的平均速度要远大于压缩冲程。

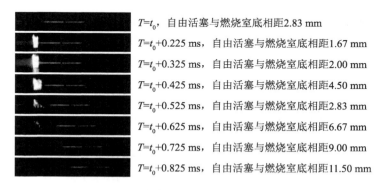

$T=t_0$,自由活塞与燃烧室底相距2.83 mm

$T=t_0+0.225$ ms,自由活塞与燃烧室底相距1.67 mm

$T=t_0+0.325$ ms,自由活塞与燃烧室底相距2.00 mm

$T=t_0+0.425$ ms,自由活塞与燃烧室底相距4.50 mm

$T=t_0+0.525$ ms,自由活塞与燃烧室底相距2.83 mm

$T=t_0+0.625$ ms,自由活塞与燃烧室底相距6.67 mm

$T=t_0+0.725$ ms,自由活塞与燃烧室底相距9.00 mm

$T=t_0+0.825$ ms,自由活塞与燃烧室底相距11.50 mm

图 3-14 完全压缩燃烧过程($\varepsilon=34.3$)

图 3-15 为自由活塞初速度 20.3 m/s 下的一组微自由活塞动力装置超高压缩比燃烧过程。由于活塞压缩初速度大,压缩冲程历经时间缩短,自由活

塞压缩至燃烧室底部 0.63 mm 处发生着火,此时压缩比为 53.7。从图 3-15 中可以看出,混合气体在微小空间里迅速燃烧膨胀,着火光亮非常强,微燃烧室内爆发压力非常高,已超出燃烧室的承受极限,导致由高硼酸硅材料制成的微燃烧室也发生了轻微爆裂。因此,在设计微自由活塞动力装置时,须考虑避免其在此类超高压缩比下运行,超高压缩比会对燃烧室强度和应力极限提出挑战,粗暴工作也会给整个装置带来问题。

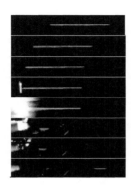

$t=t_0$,自由活塞与燃烧室底相距7.9 mm

$t=t_0+0.20$ ms,自由活塞与燃烧室底相距3.5 mm

$t=t_0+0.30$ ms,自由活塞与燃烧室底相距1.2 mm

$t=t_0+0.35$ ms,自由活塞与燃烧室底相距0.8 mm

$t=t_0+0.40$ ms,自由活塞与燃烧室底相距0.5 mm

$t=t_0+0.45$ ms,自由活塞与燃烧室底相距1.3 mm

$t=t_0+0.50$ ms,自由活塞与燃烧室底相距2.4 mm

$t=t_0+0.70$ ms,自由活塞与燃烧室底相距6.9 mm

图 3-15　超高压缩比燃烧过程

图 3-16 和图 3-17 分别为上述典型燃烧过程的速度和压力变化曲线。在相同燃烧室规格(33.3 mm×3 mm)下,通过设定不同的自由活塞压缩初速度,微自由活塞动力装置具有不同的压缩比,不同的压缩比会导致其性能表现出差异。从图 3-16 中可以看出,当活塞初速度为 13.9 m/s 时,压缩冲程结束后自由活塞末速度低于自由活塞初速度,微自由活塞动力装置中活塞仅做简单的压缩与膨胀运动。在微自由活塞动力装置内未着火的情况下,燃料的化学能未得到转化,活塞在压缩与膨胀过程中受摩擦阻力以及混合气泄漏因素的影响,使得其压缩初速度小于返回末速度。当活塞初速度为 14.7 m/s 时,微燃烧室内峰值压力为 5.4 MPa,自由活塞末速度略大于初速度,表明微燃烧室内的工质着火对活塞做正功,使得活塞动能增大。当活塞初速度为 17.7 m/s 时,自由活塞末速度明显高于自由活塞初速度,约为 23.5 m/s,微燃烧室内峰值压力为 16.4 MPa,结合图 3-13 试验图片可知,微燃烧室出现明亮的火光,燃料得以充分燃烧。当活塞初速度为 20.3 m/s 时,活塞末速度大大超过初速度,约为 27 m/s,微燃烧室内峰值压力高达 43.4 MPa,由于此时的压缩比过大,燃烧室发生爆裂。

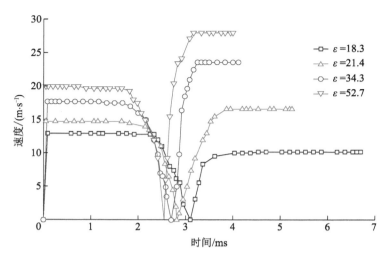

图 3-16　4 种典型燃烧过程下的活塞速度变化曲线

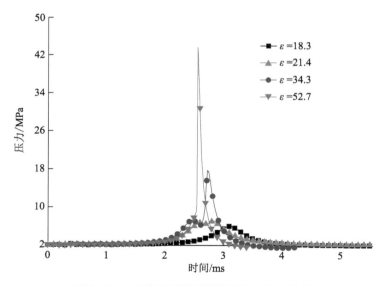

图 3-17　4 种典型燃烧过程下的压力变化曲线

　　不同压缩比下的微型自由活塞动力装置具有不同的动力性能表现,通常来说,压缩比的增大会提升动力装置的做功能力,但是过大的压缩比不仅会对动力装置缸壁强度提出挑战,也会使动力装置容易出现爆燃、爆振现象,因此,压缩比的设计应处在一个合理的区间内。图 3-18 所示为典型燃烧过程在 3 种着火情况下的 p-V 关系曲线对比。临界压燃时,微自由活塞动力装置所做指示功为 0.048 J,此时微燃烧室内出现微弱的光亮,发生部分化学反应,但燃料未发生明显燃烧;随着压缩比从 34.3 增大至 53.7 时,指示功分别从 0.098 5 J 增加至 0.390 3 J,随着压缩比的增加,微燃烧室内峰值压力与温度随之增加,由混合燃料燃烧的化学能转化的动能也随之增加,微自由活塞动力装置的指示功得到增大。

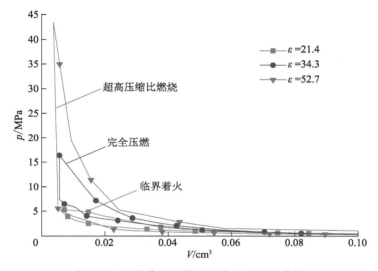

图 3-18　3 种典型燃烧过程的 p-V 关系曲线

通过以上分析,在微自由活塞动力装置开发过程中,要避免设计过小或过大的压缩比,小的压缩比不利于微自由活塞动力装置的发火,而过大的压缩比虽然能够提高装置的做功能力,但不利于微自由活塞动力装置的稳定运行,同时还对燃烧室壁面材料选择及加工提出挑战。

3.4　关键运行参数

3.4.1　活塞初速度的影响

微型自由活塞动力装置具有压缩比可变的特点,通过调节自由活塞初速度可以实现改变对混合气体的压缩程度,即改变微自由活塞动力装置的压缩比,进而改变微燃烧室内自由活塞运动规律与燃料的着火特性。本节主要介绍自由活塞初速度对微自由活塞动力装置的活塞运动特性、燃烧过程及做功能力等方面的影响。

3.4.1.1 运动特性与燃烧过程

选取的活塞初速度分别为 13.9 m/s, 14.7 m/s, 17.7 m/s, 18.6 m/s, 20 m/s, 23.5 m/s, 图 3-19 给出了自由活塞初速度为 17.7 m/s 时二甲醚与氧气混合气体在微燃烧室内的压力和压力升高率曲线。从图中可以看出二甲醚与氧气混合气体在微燃烧过程中呈现两阶段燃烧特性,压力曲线在 3.4 ms 时出现第一个波峰,压力峰值为 5.5 MPa, 在 3.7 ms 时压力曲线出现第二个波峰,压力峰值为 16.4 MPa。通过对缸内压力曲线进行微分得到压力升高率,从图 3-19 中还可以看出压力升高率在 2.6 ms 时迅速出现陡升,持续时间为 100 μs 左右,整个燃烧过程的持续时间约为 400 μs。这是由于微燃烧室尺寸在毫米量级,混合气体在微燃烧室内化学反应时间急剧缩小,混合气体在较短时间内发生化学反应,迅速放出热量,因此微燃烧室内压力与压力升高率出现陡升。

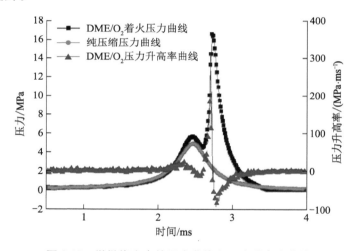

图 3-19 微燃烧室内的压力曲线和压力升高率曲线

图 3-20 给出了在相对较低的自由活塞初速度条件下自由活塞速度曲线与微燃烧室压力曲线。从图中可以看出,随着自由活塞初速度的增加,返回末速度增加,微燃烧室内压力峰值增加。在相对较低的自由活塞初速度条件下,压力曲线出现两个峰值,自由活塞初速度在 13.9 m/s 时,如图 3-21 所示,微燃烧室内未发生着火燃烧过程,自由活塞在微燃烧室内仅做压缩运动,从图 3-20a 中可以看到膨胀过程中自由活塞末速度小于自由活塞初速度,此时微燃烧室内压力峰值为 4.2 MPa。当自由活塞初速度增加为

14.7 m/s 时,燃烧图片如图 3-22 所示,此时微燃烧室内出现细微火星,可知混合气体发生化学反应,从图 3-20a 中可以看到自由活塞膨胀过程中自由活塞末速度稍稍大于自由活塞初速度,此过程为临界着火过程,从图 3-20b 可知此时微燃烧室内压力峰值为 5.4 MPa。当自由活塞速度为 17.7 m/s 和 18.6 m/s 时,微燃烧室内发生剧烈的化学反应,燃烧图片如图 3-23 和图 3-24 所示,可以看到微燃烧室内出现强烈火焰,此时微燃烧室内压力峰值分别为 16.4 MPa 和 33.4 MPa。

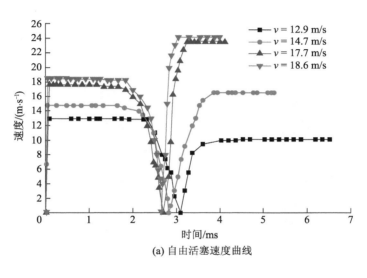

(a) 自由活塞速度曲线

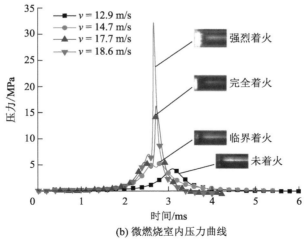

(b) 微燃烧室内压力曲线

图 3-20　在相对较低的自由活塞初速度条件下自由活塞速度曲线与微燃烧室压力曲线

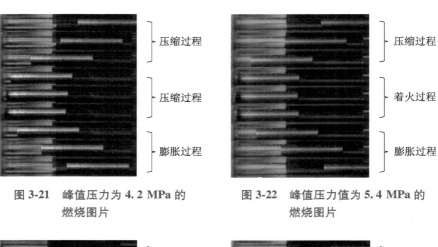

图 3-21　峰值压力为 4.2 MPa 的　　　　图 3-22　峰值压力值为 5.4 MPa 的
　　　　　燃烧图片　　　　　　　　　　　　　　　燃烧图片

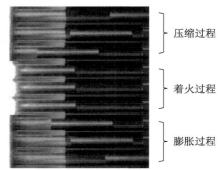

图 3-23　峰值压力为 16.4 MPa 的　　　　图 3-24　峰值压力为 33.4 MPa 的
　　　　　燃烧图片　　　　　　　　　　　　　　　燃烧图片

图 3-25 为在相对较高的自由活塞初速度条件下自由活塞速度曲线与微燃烧室压力曲线,自由活塞初速度为 20 m/s 和 23.5 m/s 时,燃烧图片分别如图 3-26 与图 3-27 所示,燃烧过程更剧烈,自由活塞末速度分别为 26 m/s 和 32 m/s。从图 3-25b 所示的压力曲线可以看到,此时只出现高温燃烧阶段峰值,峰值压力分别为 43.4 MPa 和 53.8 MPa。这是由于随着自由活塞初速度的增加,微燃烧室内混合气体受压缩程度不断增加,混合气体进行化学反应的时间不断缩短,导致在极短时间内微燃烧室内压力迅速升高。在低温阶段着火时间短,压力波动频率高于传感器的测压频率,因而只出现第二阶段高温着火过程的压力陡升现象。

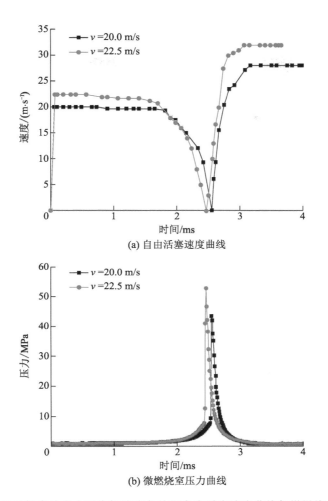

(a) 自由活塞速度曲线

(b) 微燃烧室压力曲线

图 3-25　在相对较高的自由活塞初速度条件下自由活塞速度曲线与微燃烧室压力曲线

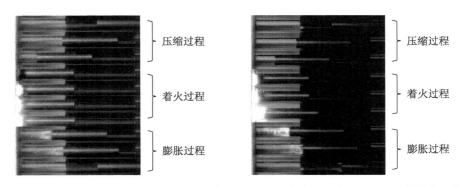

图 3-26　峰值压力为 43.4 MPa 的燃烧图片　图 3-27　峰值压力为 53.8 MPa 的燃烧图片

图 3-28 为不同自由活塞初速度条件下自由活塞位移曲线,从图中可以看出,随着自由活塞初速度的增加,行程时间缩短,自由活塞运动到达底部的时间提前。图 3-29 为不同速度条件下压力升高率曲线,随着自由活塞初速度的增加,压力陡升时刻提前,压力升高率峰值增加。自由活塞初速度为 14.7 m/s,17.7 m/s,18.6 m/s,20 m/s,23.5 m/s 时最大压力升高率分别为 11.9 MPa/ms,319.8 MPa/ms,1 564.3 MPa/ms,3 427.7 MPa/ms,3 853.1 MPa/ms。这是由于在微 HCCI 燃烧过程中,混合气体在微燃烧室内燃烧过程具有均匀混合、同时着火燃烧的特点,因此随着自由活塞初速度的不断增大,压力升高率峰值增加,混合气体燃烧变得非常剧烈,放热量不断增大,压力迅速增大。

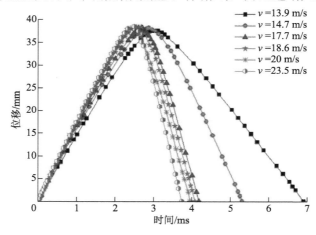

图 3-28　自由活塞位移曲线

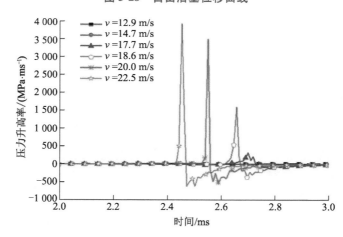

图 3-29　不同速度条件下压力升高率变化曲线

3.4.1.2　压缩比及着火时刻

自由活塞初速度直接影响微燃烧室内均质混合气的压缩程度,从而影响压缩着火燃烧过程。为了研究活塞初速度对微压缩燃烧过程产生的影响,活塞初速度分别取 13.33 m/s,15 m/s,20 m/s,21.67 m/s,25.67 m/s,活塞质量为 0.83 g,微燃烧室的长度为 33.33 mm,其中活塞初速度值的选取主要是通过试验图片计算得出。

不同活塞初速度条件下压缩燃烧过程结果如图 3-30 和图 3-31 所示。

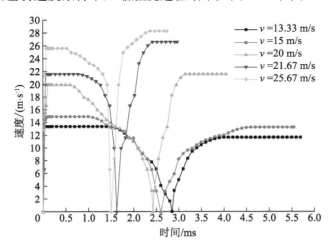

图 3-30　不同初速度下活塞速度变化曲线

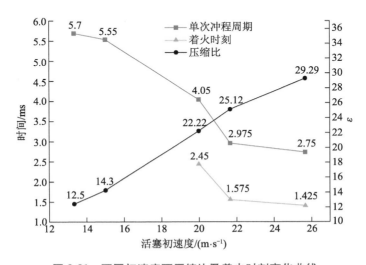

图 3-31　不同初速度下压缩比及着火时刻变化曲线

由图 3-30 可知,当活塞初速度为 13.33 m/s 和 15 m/s 时,由于均质混合气没有发生压缩燃烧,活塞返回的最大末速度比活塞初速度要小,当活塞初速度增大到 20 m/s 时,活塞压缩接近微燃烧室底部时,微燃烧室内均质混合气发生着火燃烧,由于已经产生化学反应,活塞返回末速度大于初速度;随着活塞初速度的不断增大,活塞返回末速度也不断增大。图 3-31 中给出了活塞初速度与压缩比之间的关系,随着初速度的增大,压缩比也不断增大,当初速度为 20 m/s 时,压缩比增大到 23.22 左右,微燃烧室内开始发生压缩着火现象,随着压缩比的进一步增大,着火时刻也不断提前,单次压缩周期从 5.7 ms 缩短至 3.75 ms 左右。说明在相同条件下,活塞初速度越大,压缩着火时刻越提前,越有利于均质混合气压缩着火的发生。从活塞膨胀返回过程中的速度变化曲线可以得出,活塞初速度越大,膨胀返回的速度越大,单次冲程周期越短,说明压缩着火过程中瞬间压力值比较大,且混合气体燃烧时间长。通过试验可以得出,活塞初速度是影响活塞运动特性的重要因素,它直接影响微动力装置的着火时刻与动力输出。

3.4.1.3　做功能力

　　根据试验结果分析微型自由活塞动力装置的做功能力。试验条件:燃料为二甲醚/氧气混合气体,微燃烧室的长度为 37 mm,直径为 3 mm,自由活塞的质量为 1.1 g,当量比为 0.2,初始压力与温度分别为 0.1 MPa 和 300 K。

　　试验中测得了 p-V 图,获得了微型动力装置的指示功,进而分析了微型动力装置的平均指示压力(IMEP)与指示热效率等指示参数。分析自由活塞的运动过程可获得微自由活塞动力装置的动力输出参数,进一步分析微动力装置的动力输出性能,微动力装置的工作指标如下。

　　指示功

$$W_i = \int p\,\mathrm{d}V \tag{3-1}$$

　　平均指示压力(IMEP)

$$\mathrm{IMEP} = \frac{W_i}{V_s} \tag{3-2}$$

　　燃料放热量

$$Q = mH_u \tag{3-3}$$

指示热效率

$$\eta_{it} = \frac{W_i}{Q} \qquad (3\text{-}4)$$

净输出功

$$\Delta E = \frac{1}{2}mv_1^2 - \frac{1}{2}mv_0^2 \qquad (3\text{-}5)$$

净功率

$$N_e = \frac{W_e}{t} \qquad (3\text{-}6)$$

式中：p 为微燃烧室内压力，V_s 为微燃烧室体积，Q 为消耗燃料的热量，H_u 为燃料低热值，ΔE 为自由活塞动能增量，v_1 为自由活塞末速度，v_0 为自由活塞初速度，t 为行程时间。

图 3-32 为不同自由活塞初速度下微动力装置 p-V 图，从图中可以看出，若自由活塞初速度增加，则压力峰值增大，微动力装置输出的指示功也增加。

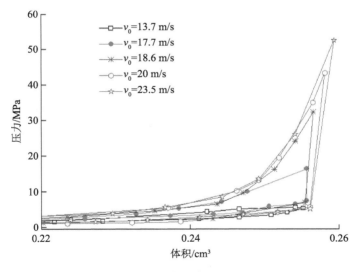

图 3-32　微动力装置 p-V 图

图 3-33 为不同自由活塞初速度条件下微自由活塞动力装置平均指示压力（IMEP）与指示热功率，平均指示压力与指示热效率根据 p-V 图获得，用来表示微动力装置的动力输出性能。随着自由活塞初速度增加，平均指示压力增大。自由活塞初速度分别为 17.7 m/s，18.6 m/s，20 m/s，23.5 m/s 时，平均

指示压力分别达到 0.58 MPa,0.69 MPa,1.27 MPa,1.69 MPa。对比文献[55],小型二冲程汽油机的平均指示压力为 0.4~0.7 MPa,相同容积的气缸,微动力装置具有更大的指示功,工作容积的利用率更大。从曲线中还可以看到随着自由活塞初速度的增加,指示热效率随之增加。这是由于当自由活塞初速度增加时,压缩比随之增加,微燃烧室内平均指示压力增加,微动力装置指示热效率随之增加。

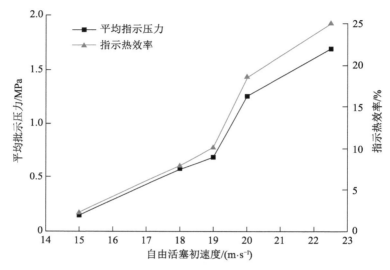

图 3-33 微动力装置平均指示压力、指示热效率与自由活塞初速度的关系曲线

表 3-1 为微型动力装置在微燃烧室直径为 3 mm,体积为 0.26 cm³ 条件下的性能参数。图 3-33 为微动力装置平均指示压力、指示热效率与自由活塞初速度的关系曲线。从表 3-1 中可以看出,随着自由活塞初速度的增加,净热效率增加,并且指示热效率低于 25%,这是由燃烧室壁面与自由活塞间的泄漏及传热损失所致。由于微自由活塞动力装置只有一个运动部件,因此指示热效率与净效率相差小于 11%。随着自由活塞初速度的增加,微自由活塞动力装置循环时间缩短,净功率增加。当自由活塞初速度为 23.5 m/s,平均指示压力为 1.69 MPa 时,此时净功率可达到 70 W,能量密度为 269 MW/m³。相比其他光电、光热转化形式微动力装置,其功率与功率密度优势比较明显。

表 3-1　微动力装置性能参数

自由活塞初速度/(m·s⁻¹)	平均指示压力/MPa	指示功/J	净输出功/J	净功率/W	指示热效率/%	净热效率/%
13.7	0.15	0.04	0.03	5.7	3.3	1.7
17.7	0.58	0.15	0.12	29	8.0	6.8
18.6	0.69	0.18	0.13	33	10.2	7.4
20	1.27	0.39	0.20	51	18.6	11.3
23.5	1.69	0.44	0.26	70	25.0	14.7

3.4.2　自由活塞质量的影响

图 3-34 为不同自由活塞质量条件下,活塞位移随时间的变化曲线。其中燃烧室的长度为 27.33 mm 左右,活塞初速度为 15.5 m/s,活塞质量分别为 0.83 g,1.11 g,1.38 g。

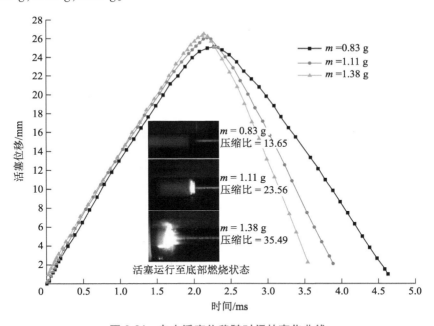

图 3-34　自由活塞位移随时间的变化曲线

从图 3-34 中可以得出,随着活塞质量的增加,单次压缩周期缩短。图 3-34 中的 3 幅图片为不同活塞质量条件下,活塞压缩至燃烧室底部时的状态图片,当活塞质量为 0.83 g 时,压缩比为 13.65,活塞运行至底部时没有发生燃烧;活塞质量为 1.11 g 时,压缩比增加至 23.56,均质气发生压缩燃烧,着火时刻为 3.15 ms;当活塞质量增加到 1.38 g 时,压缩比增至 35.49,活塞运行至底部时发生剧烈燃烧,且着火时刻提前至 3.1 ms。因此,相同条件下,随着活塞质量的增加,压缩比增加,有助于均质混合气压缩燃烧的发生,且单次压缩燃烧周期缩短,工作频率增加。

3.4.3 微燃烧室尺寸的影响

在微动力装置的设计过程中,微燃烧室的尺寸是重要的选型参数,因此,对直径为 3 mm,不同长度微燃烧室内的均质混合气压缩燃烧过程进行了试验研究。设定一无量纲参数 L/d,其中 L 为自由活塞端面到微燃烧室底部的初始距离,d 为微燃烧室直径,L/d 分别取值 9.17、11.11 及 13.66。图 3-35 为不同 L/d 条件下活塞位移随时间的变化曲线,其中活塞初速度为 20 m/s 左右,其他条件如表 3-2 所示。

表 3-2 单次压缩着火试验条件

参数	数值
微燃烧室直径/mm	3.00±0.002
微燃烧室长度/mm	20.00～50.00
活塞质量/g	0.83～1.38
活塞初速度/(m·s⁻¹)	10～30
气体燃料	CH_3OCH_3
当量比	0.2
混合气初始温度/K	300
混合气初始压力/MPa	0.1
间隙大小/μm	≤5

从图 3-35 中可以得出,在相同的试验条件下,随着 L/d 值的减小,均质混合气的压缩程度增大,压缩比由 18 增加到 23.14,图中三幅图片分别为不同长径比条件下自由活塞接近微燃烧室底部时均质混合气压燃瞬间图片,当 L/d 值为 13.66,此时压缩比为 18 时,均质混合气发生化学反应,但只产生微弱火焰,没有发生燃烧;当 L/d 值减小到 11.11,此时压缩比增加到 19.9,微燃烧室内混合气压缩着火燃烧;随着 L/d 值的进一步减小,压缩比增加到 23.14

时,混合气燃烧更加剧烈。图 3-36 为不同的 L/d 值下,压缩比随活塞初速度的变化结果。从图 3-36 中可以得到,压缩比是随着活塞初速度的增加而变大,而在相同的活塞初速度条件下,L/d 值越大,压缩比越小。说明微燃烧室 L/d 值越小,越有利于均质混合气压缩燃烧的发生。

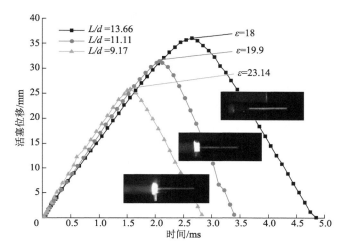

图 3-35　活塞位移变化曲线

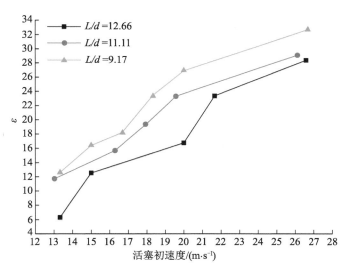

图 3-36　不同的 L/d 值下压缩比随活塞初速度的变化曲线

3.4.4　压燃着火界限

通过分析不同参数对微压缩燃烧过程的影响,可以得出压缩比是决定均质混合气能否压缩着火的重要参数。根据大量试验结果得出,压缩比、长径比与均质混合气压缩燃烧状态的关系如图 3-37 所示。其中空心图标代表均质混合气未能压缩着火;半实心图标代表均质混合气在压缩过程中产生微弱火焰,但未发生大面积燃烧;实心图标则代表均质混合气发生完全压缩燃烧,且压缩比越大,燃烧越剧烈。对比分析将压缩比值域划分为三个区域,其中压缩比小于 15 为压缩未燃区域,压缩比在 15~18 范围内为临界压缩着火区域,压缩比大于 18 为完全压缩燃烧区域。在微自由活塞动力装置的设计与研究过程中,当使用二甲醚气体时,为了使均质混合气能够压缩着火,各种参数的设计应使微自由活塞动力装置的压缩比大于 18。

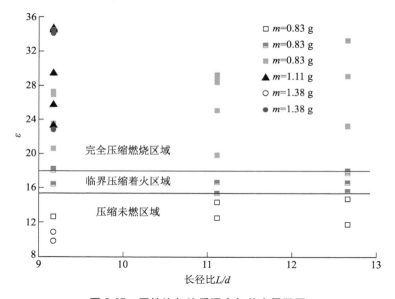

图 3-37　压缩比与均质混合气着火界限图

3.5　进气预热试验结果与分析

混合气初始温度是影响化学反应速率的主要因素之一,而 HCCI 燃烧过程受化学反应动力学控制,因此合理提高混合气的初始温度也是改善微尺度燃烧的途径之一。本节主要介绍微自由活塞动力装置进气预热方法对微尺度压燃的影响,试验中选取进气预热温度为 300 K,320 K,360 K,微燃烧室规格选取为 20 mm(长度 L)×3 mm(直径 d)。

3.5.1　压燃着火界限

通过试验研究发现,在不对微燃烧室进行预加热,且室温较低的情况下,自由活塞压缩均质预混合气很难发生着火燃烧现象。图 3-38 所示为未对微燃烧室进行预加热的试验照片,从照片中可以看出,自由活塞几乎已经到达微燃烧室底部(图中虚线方框部分),但微燃烧室内仍然未发生压缩着火现象。因此适当地对微燃烧室进行预加热对压缩着火具有很好的促进作用。

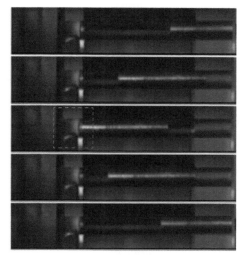

图 3-38　微燃烧室未预加热情况下的试验照片

图 3-39a 和图 3-39b 为微燃烧室预热初始温度分别为 320 K,360 K 的情况下,相同自由活塞初速度 11 m/s 时,微自由活塞压缩均质预混合气着火燃烧的照片。从图中可以看出,在其他初始条件相同的情况下,初始温度为 320 K 时微燃烧室内未发生压缩着火现象,而在微燃烧室预热初始温度为 360 K 时,均质混合气被压燃了。这表明增加均质预混合气初始温度,可以使压缩着火更容易。

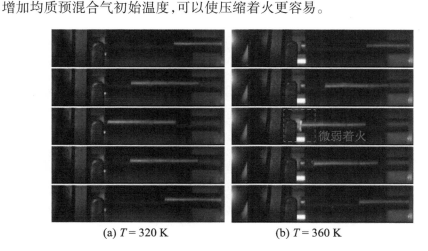

(a) $T = 320$ K　　　　　　(b) $T = 360$ K

图 3-39　微燃烧室预加热情况下的试验照片

3.5.2 单次冲程时间及着火时刻

图 3-40 所示为在相同的自由活塞初速度 13 m/s,不同的预热温度 320 K,340 K,360 K 下微自由活塞动力装置单次冲程所用时间及混合气着火时刻随预热温度的变化曲线。从图中可以看出,随着微燃烧室预热温度的增加,自由活塞单次冲程所用的时间缩短。这是因为在 3 种预热温度下,着火的剧烈程度并不相同,预热温度为 360 K 时着火更剧烈,自由活塞膨胀末速度较大,因此单次冲程所用时间缩短。从不同微燃烧室初始温度着火时刻的对比曲线可以看出,当微燃烧室的初始温度增加时,着火时刻提前。

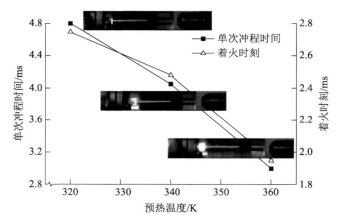

图 3-40 单次冲程时间及着火时刻随预热温度的变化曲线

微自由活塞动力装置自由活塞的初动能是由公式 $E_0 = \dfrac{mv_0^2}{2}$(m 为自由活塞质量,v_0 为自由活塞初速度)计算而得到的。临界压燃初动能是微燃烧室内达到临界着火状态时自由活塞的初动能。

3.5.3 临界压燃初动能

图 3-41 为临界压燃初动能随预热温度的变化。从图中可以明显看出,当预热温度分别为 320 K,340 K,360 K 时,对应的临界压燃初动能分别为 0.083 J,0.064 2 J,0.040 7 J。在一定的温度范围内,随着微燃烧室预热温度的升高,微自由活塞动力装置压缩着火燃烧所需的初动能减少。

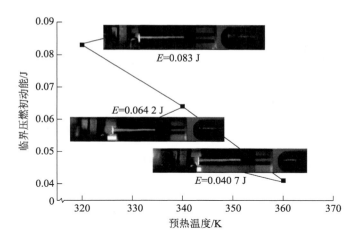

图 3-41　临界压燃初动能随预热温度的变化

3.6　掺氢试验结果与分析

试验初始条件：自由活塞（材料为钢）长（30.00±0.005）mm，自由活塞可压缩行程约为 30 mm，微燃烧室的直径为（3.00±0.002）mm，自由活塞和微燃烧室内壁面配合间隙小于 5 μm，微燃烧室内充入的是甲烷/氧气均质混合气，混合气的当量比为 0.2，自由活塞的质量为 0.83 g。为保证燃料的总体积不变，在试验实际操作时，只将部分甲烷替换成相同体积的氢气。同时，为了便于试验研究，将甲烷燃料的掺氢比定义如下：

$$\beta = \frac{V_{H_2}}{V_{H_2} + V_{CH_4}} \tag{3-7}$$

式中：β 为掺氢比；V_{H_2} 为混合燃料中 H_2 的体积；V_{CH_4} 为混合燃料中甲烷的体积。

3.6.1　掺氢对燃烧过程的影响

图 3-42 为甲烷掺混不同比例氢气时且活塞在初速度为 16 m/s 时，高速数码相机摄录的活塞单次冲击过程的一系列试验照片。图 3-42a～c 所示分别为掺氢比 β 为 0，0.05，0.1 时微燃烧室内甲烷着火情况的试验照片。

从图 3-42 中可以看出，当 β = 0 时，微燃烧室内没有发生着火现象。当 β = 0.05，0.1 时，微燃烧室内发生着火现象。掺氢比为 0.05 时的火焰亮度高于掺氢比为 0.1 时的火焰亮度。这是因为相同条件下氢气的火焰亮度低于甲烷的火焰亮度,随着掺氢比的增大,甲烷比例减小,混合气燃烧火焰的亮度降低。对试验图片进行处理,当掺氢比分别为 0.05 和 0.1 时混合气的着火时刻均约为 1.3 ms,即较小的氢气掺混对混合气着火时刻的影响不明显。相同条件下由于氢气的掺混使无法被压燃的混合气发生着火燃烧,氢气的掺混能够降低混合气的压燃界限,使之更容易着火。

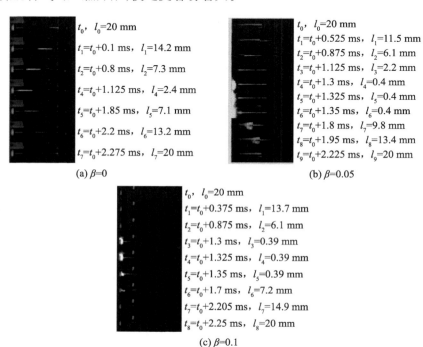

图 3-42　不同掺氢比下混合气着火燃烧的试验照片

图 3-43、图 3-44 为通过处理试验照片获得的甲烷不同掺氢比下自由活塞位移与速度变化曲线。从图中可以看出,当掺氢比为 0 时,自由活塞的位移与速度曲线左右对称,自由活塞末速度等于初速度 16 m/s,说明自由活塞仅在微燃烧室内压缩膨胀运动,微燃烧室未发生着火现象。当掺氢比增加到 0.05,0.1 时,活塞返回时的位移曲线的斜率均大于压缩过程中的位移斜率,且活塞末速度均大于初速度,说明这两种工况下混合气都发生了着火燃烧,混合气释放能量,对活塞做功。但随着掺氢比的增大,活塞返回末速度逐渐减小,活塞单个冲程所耗的时间增大,当掺氢比为 0.05 时,活塞末速度约为

25.1 m/s,冲程总时长约为 3.25 ms,当掺氢比为 0.1 时,活塞末速度约为 24.5 m/s,冲程总时长约为 3.26 ms,这是因为氢气掺混比例的增加使甲烷的比例减小,相同条件下相同体积氢气的热值只有甲烷热值的三分之一,所以微燃烧室内混合气燃烧释放的能量减少,活塞整个返回过程中平均速度降低,单个冲程所需的时间增加。

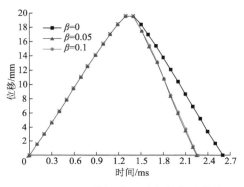

图 3-43　不同掺氢比下活塞的位移曲线　　　图 3-44　不同掺氢比下活塞的
　　　　　　　　　　　　　　　　　　　　　　　　速度变化曲线

　　如图 3-45、图 3-46 所示,当掺氢比为 0 时,由于微燃烧室内没有出现着火现象,微燃烧室内的温度与压力曲线左右对称。当掺氢比增加到 0.05,0.1 时,微燃烧室内的温度与压力都有一个先陡升后降低的过程,这是由于自由活塞压缩混合气使微燃烧室内的压力与温度升高,到达甲烷的着火点,甲烷着火,混合气体在短时间内发生剧烈的化学反应,混合气剧烈燃烧,微燃烧室内出现了温度与压力陡增的现象,随后混合气体对活塞做功,微燃烧室内的压力与温度均降低。从图 3-45、图 3-46 中可以看出,随着掺氢比的增大,微燃烧室内最高温度、最高压力均发生降低,当掺氢比为 0.05 时微燃烧室内最高温度为 2 611.2 K,最高压力为 44.87 MPa;当掺氢比达到 0.1 时微燃烧室内最高温度为 2 543.6 K、最高压力为 43.43 MPa。这是因为相同条件下,相同体积氢气的热值低于甲烷的热值,燃烧相同体积的氢气比燃烧相同体积的甲烷放出的热量少,使微燃烧室内的温度与压力降低。从微燃烧室内最高温度与最高压力的降低可知,甲烷中掺入氢气可以缓和气体着火燃烧的爆震现象,使得压缩着火燃烧变得更稳定可靠。

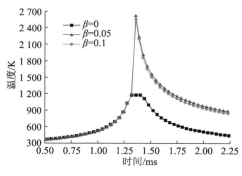

图 3-45　不同掺氢比下微燃烧室内
温度变化曲线

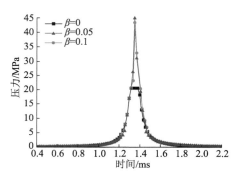

图 3-46　不同掺氢比下微燃烧室内
压力变化曲线

3.6.2　掺氢对做功能力的影响

图 3-47 为不同掺氢比下微动力
装置的 p–V 图。从图中可以看出,当
掺氢比为 0 时,示功图的面积为 0,装
置不对外做功。随着掺混比的增大,
示功图的面积不断减小,微动力装置
输出的指示功减小。当掺氢比为
0.05 时,指示功为 0.186 J;当掺氢比
为 0.1 时,指示功为 0.171 J。另外,
随着掺氢比的增大,活塞单次冲程需

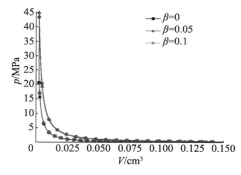

图 3-47　不同掺氢比下微动力装置的 p–V 图

要的时间有所增加,整个装置的功率降低,所以甲烷掺氢并不利于微自由活
塞动力装置做功能力的提高。

3.7　催化作用下试验结果与分析

为了研究催化作用对微型动力装置单次压缩过程燃烧特性的影响,本书
设计了一种方案对其进行试验研究。本试验中所采用的催化剂为铂碳催化
剂,催化剂型号为 HPT060,比表面积大于 38 m^2/g,铂含量为 19.50% ~
21.50%,氯化物的浓度小于 120×10^{-3} mg/m^3,堆实密度小于 0.6 g/cc,粒径
3~5 nm。采用浸渍法使微燃烧室底部负载催化剂,首先用去离子水清洗微燃
烧室,然后将其烘干,取 1 g 铂碳催化剂粉末置于 5 mL 水中制成铂碳催化剂

溶液,将微燃烧室底部浸渍在铂碳催化剂溶液中 12 h,最后在高温下烘干。催化试验装置结构图如图 3-48 所示,该装置在已有的试验方案基础上,在微燃烧室底部加入铂碳催化剂。

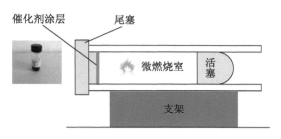

图 3-48　催化试验装置结构图

　　试验初始条件:微燃烧室长 30 mm,燃烧室内径为(3.00±0.002) mm,自由活塞长(15.00±0.005) mm,自由活塞质量为 0.83 g,自由活塞材质为 45 钢,初始压力为 0.1 MPa,初始温度为 450 K,自由活塞初速度为 25 m/s。单次压燃试验过程中气密间隙小于 5 μm。燃料二甲醚与氧气经预混燃气系统后充入微燃烧室,二甲醚/氧气所用的当量比为 1.0。图 3-49 和图 3-50 所示为单次压燃试验在有催化与无催化作用下的图片,是由高速数码相机拍摄的图像分析处理得到的。由图可知,相对于催化试验图片,无催化试验中压缩着火的火光更加明亮,说明在相同的初始试验条件下,单次压燃无催化试验燃烧过程可能比催化试验过程更加剧烈。

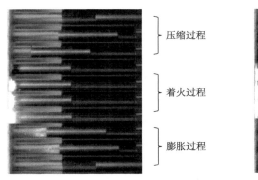

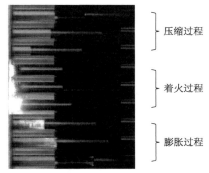

图 3-49　单次压燃试验有催化作用的图片　　图 3-50　单次压燃试验无催化作用的图片

　　图 3-51 所示为自由活塞的速度位移变化曲线。在催化作用下,自由活塞的压缩速度小于无催化作用活塞的速度,并且其膨胀速度也小于无催化作用

的试验活塞速度。这是由于催化剂降低了单次压缩燃烧所需的活化能,使工作过程更加平稳可靠,降低了试验过程的粗暴性,最终速度趋近于相同,并且微燃烧室内的燃料总量是相同的,所释放的化学能也是一致的。

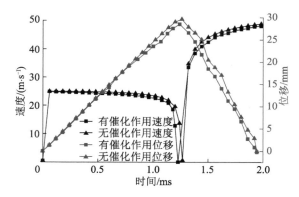

图 3-51　有无催化作用时自由活塞的速度与位移变化规律

第4章　微自由活塞动力装置燃烧模型与燃烧模拟

对于微型动力装置的研究分析中,试验测量与数值模拟是最主要的两种研究方法。其中试验测量方法可以对实际工况进行有效的测定,然而微型动力装置的尺寸小,进行全面而具体的可视化试验研究存在各方面的限制。数值模拟方法可以将复杂的试验过程借助 CFD 软件建立数学模型进行模拟研究。数值模拟方法作为研究微型动力装置的辅助手段,其对研究方向具有准确的预测性,模拟结果可为试验研究提供方向。为了准确地对微燃烧室的温度场、压力场及流场进行模拟,本研究建立了微自由活塞动力装置三维动网格模型,并将燃料详细化学反应动力学机理添加到自由活塞运动过程中,通过与试验结果进行对比,验证模型的准确性。

本章主要介绍微自由活塞动力装置计算模型的建立,包括热力学零维模型分析,三维计算模型的建立与计算方法,动网格技术的实现及微尺度 HCCI 燃烧的影响因素等。

4.1　零维模型

4.1.1　求解方程

在求解计算过程中,近似地将微燃烧室看作一个闭口系统,采用 SENKIN 分析法来计算闭口系统气态均相化学反应过程。本研究为了同时考虑传热和辐射的影响,对 SENKIN 模型做了一定的修改。

根据质量守恒方程可知

$$\frac{\mathrm{d}Y_k}{\mathrm{d}t} - v\dot{w}_k W_k = 0 \tag{4-1}$$

式中:k 为混合气体含成分的总数;v 为混合气体的体积比;Y_k, w_k, W_k 分别为第 k 种成分的质量分数、摩尔产生速率、摩尔质量。

对于一个简单的压缩系统来说,由热力学第一定律可知

$$\frac{\mathrm{d}u}{\mathrm{d}t} = \frac{\delta q}{\mathrm{d}t} - \frac{\delta w}{\mathrm{d}t} \qquad (4\text{-}2)$$

公式(4-2)可进一步转化为

$$\frac{\mathrm{d}u}{\mathrm{d}t} = \sum_{k=1}^{N_S} u_k \frac{\mathrm{d}Y_k}{\mathrm{d}t} + \sum_{k=1}^{N_S} Y_k \frac{\mathrm{d}u_k}{\mathrm{d}t} \qquad (4\text{-}3)$$

将公式(4-3)和公式(4-1)代入公式(4-2)可得

$$\frac{\mathrm{d}T}{\mathrm{d}t} + \frac{v}{c_v}\sum_{k=1}^{N_S} u_k \dot{w}_k W_k + \frac{P}{c_v}\frac{\mathrm{d}v}{\mathrm{d}t} - \frac{1}{c_v}\frac{\mathrm{d}q}{\mathrm{d}t} = 0 \qquad (4\text{-}4)$$

4.1.2 传热模型

众所周知,微发动机的尺寸过小会导致其面容比大,从而导致散热损失过大。为了简化模型,本研究采用零维模型来分析计算微自由活塞动力装置的传热模型,此时微燃烧内的温度近似可以看成随时间而变化。

假设微燃烧室的长度为 L,缸径为 B,根据微燃烧室的对称性可得到如图 4-1 所示的四分之一的轴对称传热模型。假定微燃烧室内的初始温度均匀分布且中心轴绝热,则可建立如下的导热微分方程及热边界条件。

导热微分方程:
$$\frac{1}{\alpha}\frac{\partial T}{\partial t} = \nabla^2 T \qquad (4\text{-}5)$$

边界条件:
$$T(r,z,0) = T_0, \; T(0,z,t) = C, \; \frac{\partial T}{\partial \phi}\bigg|_{z=0} = 0$$

$$\frac{\partial T}{\partial \phi} = 0, \; T\left(\frac{B}{2},z,t\right) = T_w, \; T\left(r,\frac{L}{2},t\right) = T_w$$

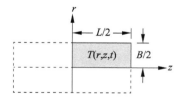

图 4-1 轴对称传热模型

将边界条件代入导热微分方程可得

$$T(r,z,t) = T_w + \frac{16(T_0 - T_w)}{B}\sum_{m=0}^{\infty}\sum_{n=1}^{\infty}\frac{(-1)^m J_0(\beta_n r)\cos(n_m z)\exp\left[-\alpha t(\beta_n^2 + \eta_m^2)\right]}{(2m+1)\pi\beta_n J_1\left(\beta_n \frac{B}{2}\right)}$$

$$(4\text{-}6)$$

保留式(4-6)中双无穷级数的首项($m=0,n=1$),计算壁面总热流量,再将总热流量除以微燃烧室壁面表面积,可得在 $t=0$ 时燃烧室壁面的平均热流密度为

$$\bar{q}' = \frac{2k_T(T_0-T_w)}{L}\left[\frac{0.440\,332\pi^2+5.092\,96\left(\dfrac{L}{B}\right)^2}{\pi+2\pi\left(\dfrac{L}{B}\right)}\right] \tag{4-7}$$

应当指出的是,虽然式(4-7)建立在 $t=0$ 的假设基础上,但表达式却是准时间的函数,因为燃烧室有效长度 L 和导热系数 k_T 均随时间变化而变化。

式(4-4)中的比热流密度与式(4-7)的关系如下:

$$\frac{\mathrm{d}q}{\mathrm{d}t} = \left(\frac{A_S}{M_S}\right)\bar{q}' \tag{4-8}$$

式中:M_S 为系统总质量,A_S 为燃烧室表面积。A_S 由以下公式计算:

$$A_S = \frac{\pi B^2}{2} + \pi BL \tag{4-9}$$

将式(4-7)、式(4-9)及 $L/B = [r/(r-1)R]$ 代入式(4-8),整合后可进一步得出热传递与燃烧室几何尺寸之间的关系。最终整理后可得到一个无量纲热传递速率,即

$$\begin{aligned}
\xi(r,R) &= \frac{B^2}{vk_T(T_0-T_w)}\frac{\mathrm{d}q}{\mathrm{d}t} \\
&= \varphi(r,R)\left[\frac{2(r-1)}{rR}\right]\times\left\{\frac{0.440\,332\pi^2+5.092\,6[rR/(r-1)]^2}{\pi+2\pi[rR/(r-1)]}\right\}
\end{aligned} \tag{4-10}$$

式中:r 为微自由活塞动力装置压缩比;R 为活塞行程与缸径之比,即 $R=S/B$。基于以上推算可知,该无量纲热传递速率和无量纲面容比成正比,并且只取决于压缩比及长径比(近似为活塞行程与缸径之比 R)。

4.1.3　泄漏模型

由于微尺度效应,微型自由活塞发动机的活塞与燃烧室壁面之间的泄漏效应对微发动机性能的影响显著。假设微燃烧室内的流体进行的是一维准稳态可压缩流动,按照质量守恒定律,稳定流动过程中流道内各截面上的气体流量应相等,且保持为常量,则微燃烧室与自由活塞之间的泄漏流量可表示为

$$q_m = \frac{A_t c_f}{v} \tag{4-11}$$

式中：A_t 为泄漏间隙处横截面积；c_f 为泄漏处气体流速。

下面进行泄漏处气体流速 c_f 的推导：气体在任一流道内做稳定流动，服从稳定流动能量方程，即

$$q = (h_2 - h_1) + \frac{(c_{f2}^2 - c_{f1}^2)}{2} + g(z_2 - z_1) + w_i \tag{4-12}$$

式中，h_1, h_2 分别为不同截面处的泄漏气体的焓；c_{f1}, c_{f2} 为分别为不同截面处的流速。

忽略泄漏气体在流动时与外界的热量交换，且微自由活塞动力装置水平放置时无位能变化，则可将式（4-12）简化为

$$h_2 + \frac{c_{f2}^2}{2} = h_1 + \frac{c_{f1}^2}{2} = C \tag{4-13}$$

根据能量方程（4-13）可知，任一截面上气体的焓和动能的和恒为常数，当气体绝热滞止时速度为零，故滞止时气体的焓 h_0 为

$$h_0 = h_1 + \frac{c_{f1}^2}{2} = h_2 + \frac{c_{f2}^2}{2} = h + \frac{c_f^2}{2} \tag{4-14}$$

假定泄漏气体为理想气体，取定值比热容，且流动可逆，根据公式（4-14）可得

$$c_{f2} = \sqrt{2(h_0 - h_1)} = \sqrt{2c_p(T_0 - T_1)} = \sqrt{2\frac{\kappa R_g}{\kappa - 1}(T_0 - T_1)}$$

$$= \sqrt{2\frac{\kappa R_g T_0}{\kappa - 1}\left[1 - \left(\frac{p_2}{p_0}\right)^{\frac{\kappa - 1}{\kappa}}\right]} \tag{4-15}$$

此外，临界压力比 $\beta = \frac{p_\infty}{p} = \left(\frac{2}{\gamma + 1}\right)^{\frac{\gamma - 1}{\gamma}}$，当外界压力与气缸内压力的比值小于临界值，即 $p_\infty / p < \beta$ 时，缝隙区流动为超临界状态，气缸内气体以当地声速流过缝隙区，且漏气流量与外界气体状态无关，只取决于气缸内气体状态及缝隙截面积。将式（4-15）代入式（4-11）并根据理想气体状态方程 $pV = R_g T$ 可得

$$q_m = \frac{A_t p}{\sqrt{RT}}\left(\frac{p_\infty}{p}\right)^{\frac{1}{\gamma}}\left(\frac{2}{\gamma + 1}\right)^{\frac{\gamma}{2(\gamma - 1)}}, \quad \frac{p_\infty}{p} < \left(\frac{2}{\gamma + 1}\right)^{\frac{\gamma}{\gamma - 1}} \tag{4-16}$$

随着气缸内压力的增大,当外界压力与气缸内压力的比值大于临界值,即 $p_2/p_1 > \beta$ 时,气体流动逐渐进入亚临界状态,直到气缸内气体压力与外界气体压力相等。在该过程中,漏气流量不仅和缝隙横截面积有关,还与气缸内外压力差有关,其关系如下:

$$q_m = \frac{A_t p}{\sqrt{RT}} \left(\frac{p_\infty}{p}\right)^{\frac{1}{\gamma}} \left\{ \frac{2\gamma}{\gamma-1} \left[1 - \left(\frac{p_\infty}{p}\right)^{\frac{\gamma-1}{\gamma}} \right] \right\}^{\frac{1}{2}}, \quad \frac{p_\infty}{p} > \left(\frac{2}{\gamma+1}\right)^{\frac{\gamma}{\gamma-1}} \tag{4-17}$$

4.1.4　单活塞式微自由活塞动力装置性能评估

单活塞式微自由活塞动力装置具有非常多的构造方式,但均由以下四类组件组成:① 微燃烧室;② 活塞;③ 复位装置;④ 负载,如图 4-2 所示。对于双活塞双燃烧室的自由活塞装置,其第二个气缸可看作活塞的复位装置。

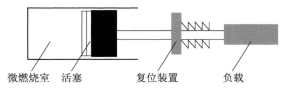

微燃烧室　活塞　　　　复位装置　　　　负载

图 4-2　微自由活塞动力装置的结构

要了解活塞与负载在微自由活塞动力装置运行过程(见图 4-3)中的耦合作用,关键是要明确活塞在运行过程中的受力分析。假设活塞的质量为 m_p,活塞端面的横截面积为 A_c,燃料燃烧时刻的产生压力为 P_c,活塞受 F_L 负载力的作用,活塞的受力分析如图 4-4 所示。

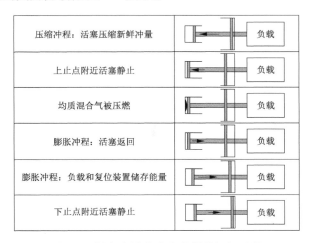

图 4-3　微自由活塞动力装置的运行过程

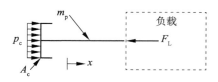

图 4-4　活塞的受力分析

基于此,自由活塞的力平衡方程为

$$\sum F_x = m_p \frac{\mathrm{d}^2 x}{\mathrm{d}t^2} = p_c A_c - F_L \tag{4-18}$$

若活塞由 x_1 位置运动到 x_2 位置处,则其做功为

$$\underset{1 \to 2}{W} = m_p \int_{x_1}^{x_2} \frac{\mathrm{d}^2 x}{\mathrm{d}t^2} \mathrm{d}x = A_c \int_{x_1}^{x_2} p_c \mathrm{d}x - \int_{x_1}^{x_2} F_L \mathrm{d}x \tag{4-19}$$

自由活塞的速度为

$$\bar{v} = \frac{\mathrm{d}x}{\mathrm{d}t} \tag{4-20}$$

将式(4-20)代入式(4-19)可得

$$\underset{1 \to 2}{W} = m_p \int_{\bar{v}_1}^{\bar{v}_2} \bar{v} \mathrm{d}v = A_c \int_{x_1}^{x_2} p_c \mathrm{d}x - \int_{x_1}^{x_2} F_L \mathrm{d}x \tag{4-21}$$

从而得到

$$\underset{1 \to 2}{W} = m_p \left(\frac{\bar{v}_2^{\,2} - \bar{v}_1^{\,2}}{2} \right) = A_c \int_{x_1}^{x_2} p_c \mathrm{d}x - \int_{x_1}^{x_2} F_L \mathrm{d}x \tag{4-22}$$

假设 x_1 和 x_2 分别为自由活塞发动机的下、上止点,则此时的 $\bar{v}_1$ 和 $\bar{v}_2$ 均为零,再根据式(4-22)可得

$$A_c \int_{x_1}^{x_2} p_c \mathrm{d}x = \int_{x_1}^{x_2} F_L \mathrm{d}x \tag{4-23}$$

进一步假设微发动机燃烧室内压力数值为活塞位移的函数,即 $P_c = P_c(x)$,且 x_1 已知,则只要知道 x_2 和 F_L 其中的一个值,就可以求解式(4-23)的函数。

4.2　多维模型

4.2.1　物理模型建立

图 4-5 所示是微自由活塞动力装置的三维物理模型,模型主要由微燃烧

室与自由活塞组成。质量为 m 的活塞在受到某一瞬间的冲量后以一定的初速度压缩微燃烧室内的均质混合气，$T(t)$，$P(t)$，$Y_k(t)$ 和 $V(t)$ 分别是微燃烧室内温度、压力、各组分浓度及微燃烧室体积。p_∞，T_∞ 分别为环境压力和环境温度。为了简化计算，模型中不考虑活塞受到的摩擦力及高温下材料的热变形影响，并假设微燃烧室内混合气均为不可压缩性理想气体，且在压燃过程中无相互辐射作用。基于以上假设，活塞的运动方程为

$$m\frac{\mathrm{d}^2 x}{\mathrm{d}t^2} = (p - p_\infty)A \tag{4-24}$$

式中：p 为微燃烧室内气体的绝对压力；A 为活塞横截面积。

图 4-5　三维物理模型

4.2.2　数学模型建立

通过 CFD 求解器求解质量和动量方程来计算微尺度下的流动，同时通过求解能量守恒方程来计算微尺度下的传热。由于微自由活塞动力装置的面容比大，模拟中需要充分考虑微燃烧室壁面的热边界条件的影响。

4.2.2.1　质量守恒方程

$$\frac{\partial \rho}{\partial t} + \frac{\partial}{\partial x_i}(\rho u_i) = s_m \tag{4-25}$$

式中：t 为时间；u_i 为流体在 x_i 方向的绝对速率；x_i 为笛卡儿坐标（$i=1,2,3$）；ρ 为流体密度；s_m 为质量产生源。

4.2.2.2　动量守恒方程

$$\frac{\partial \rho u_t}{\partial t} + \frac{\partial}{\partial x_j}(\rho u_j u_i - \tau_{ij}) = -\frac{\partial p}{\partial x_i} + s_i \tag{4-26}$$

式中：ρ 为流体密度；t 为时间；u_t 为流体在 x 方向的瞬时速率；u_j 为流体在 x_j 方向的绝对速率；τ_{ij} 为应力张量；s_i 为动量产生源相；p 为压力。

4.2.2.3　能量守恒方程

$$\rho\frac{\mathrm{d}e}{\mathrm{d}t} = \tau_{ij}\frac{\partial u_i}{\partial x_j} - \frac{\partial q_i}{\partial x_i} + s_h \tag{4-27}$$

式中:ρ 为流体密度;t 为时间;τ_{ij} 为应力张量;u_i 为流体在 x_i 方向的绝对速率;x_j 为笛卡儿坐标($j=1,2,3$);e 为单位质量流体内能;q_i 为 x_i 方向的能量通量;x_i 为笛卡儿坐标($i=1,2,3$);s_h 为能量产生源。

4.2.3　湍流模型的分析与选择

CFD 计算软件中通常有以下几种湍流数值模型:Spalart-Allmaras 模型、涡黏性模型、雷诺应力模型以及大涡模拟 LES(large eddy simulation)等。

Spalart-Allmaras 模型是单一方程的低 Reynolds 数计算模型,对有壁面限制的流动计算及边界层的计算效果较好,后常常应用于流动分离区附近的模拟计算及涡轮机械的计算。涡黏性模型包括 $k-\varepsilon$ 模型和 $k-\omega$ 模型,其中,$k-\varepsilon$ 模型又分为标准模型、RNG 模型和 Realizable 模型;$k-\omega$ 模型又分为线性模型和非线性模型。该计算模型比较稳定且计算精度较高,模型中还考虑了低雷诺数、可压缩性及剪切流扩散等因素的影响,因此成为目前应用最广泛的双方程模型,常应用在受到壁面限制的流动计算和自由剪切流计算中。RNG $k-\varepsilon$ 模型和 Realizable $k-\varepsilon$ 模型中考虑了平均流动中的旋转及近壁面处理等因素,因此预测回流和分流流动的计算效果较好,对有较大速度梯度的流场计算精确度更高。雷诺应力模型的计算精度在理论上要高于涡黏性模型,但只能应用于少数情况的流动问题计算。大涡模拟(direct numerical simulation,DNS)属于直接数值模拟计算模型,计算精度较高,但对计算模型网格质量的要求非常高,因此对计算机硬件的要求比较高,计算时间较长,所以目前还不能在实际工程中广泛应用。

在微自由活塞动力装置单次压缩着火过程的计算中,不考虑进排气对工作过程的影响,均质混合气仅在自由活塞的压缩作用下发生物理和化学变化,计算模型中需考虑均质混合气的可压缩性,不需要考虑回流的影响。计算过程中需将活塞的运动过程与均质混合气化学反应动力学计算进行耦合,计算时间大幅增加。综合考虑,本书选择高雷诺数标准 $k-\varepsilon$ 模型,湍动能 k 方程和耗散率 ε 方程如下:

$$\frac{\partial}{\partial t}(\rho k)+\nabla \cdot (\rho V k)=\nabla \cdot \left(\frac{\mu_t}{\sigma_k}\nabla k\right)+G_k-\rho\varepsilon \tag{4-28}$$

$$\frac{\partial}{\partial t}(\rho\varepsilon)+\nabla \cdot (\rho V\varepsilon)=\nabla \cdot \left(\frac{\mu_t}{\sigma_\varepsilon}\nabla \varepsilon\right)+\frac{\varepsilon}{k}(C_{1\varepsilon}G_k-C_{2\varepsilon}\rho\varepsilon) \tag{4-29}$$

$$\mu_t = \rho C_\mu \frac{k^2}{\varepsilon}, G_k = \mu_t \nabla V [\nabla V + (\nabla V)^T] \tag{4-30}$$

其中，$C_{1\varepsilon} = 1.44, C_{2\varepsilon} = 1.92, \sigma_k = 1.0, \sigma_\varepsilon = 1.3, C_\mu = 0.09$。

为了进一步减少计算时间，本书中采用了标准壁面函数法进行计算，壁面切向速度呈对数分布，即

$$u^+ = \frac{u}{u_\tau} = \frac{1}{k} \ln\left(\frac{y u_\tau}{\nu}\right) + B = \frac{1}{k} \ln(y^+) + B \tag{4-31}$$

$$u_\tau = \sqrt{\tau_{\text{wall}} / \rho} \tag{4-32}$$

$$k = \frac{u^*}{C_t^{1/2}} \tag{4-33}$$

$$\varepsilon = \frac{(u^*)^3}{ky} \tag{4-34}$$

式中：常数 k 为 0.42；B 为 5.44；ν 是动力黏度；u 为壁面速度切向分量；u_t 为切应力速度；τ_{wall} 为壁面剪切力；y 为壁面距离；y^+ 为距壁面的无量纲距离，通常在 30~500 范围时，上述对数法则有效。

4.2.4　HCCI 燃烧模型选择

HCCI 燃烧过程与传统的汽油机及柴油机燃烧过程有着本质的区别，HCCI 燃烧过程中主要受化学反应动力学的控制，不依赖于火焰传播。对 HCCI 燃烧过程的研究，数值模拟一直被视为重要的研究方法之一。计算模型主要分为五类：单区模型、多区模型、随机反应器模型、多维模型和控制模型。目前有关 HCCI 数值模拟的研究中，大部分是基于零维单区模型或零维多区模型，少部分使用多维模型。

4.2.4.1　单区模型

Najt[61] 等最早利用单区模型开展对比分析发动机 HCCI 的实验研究工作。使用单区模型时，微燃烧室计算区域可视为压力、温度及组分浓度分布均匀的反应腔，通过积分计算能量守恒方程及物质守恒方程等，得出工质平均温度、压力及组分浓度的变化。单区模型不考虑计算区域的气体流动过程，主要研究燃烧过程中燃料的化学反应历程和成分的变化情况，因此主要被应用于反应机理相关的研究。由于单区模型所需的计算时间较短，借助该模型可实现大量不同工况条件的计算。然而单区模型中的温度值反映的是燃烧过程中计算区域中心的最高温度，虽然能较准确地计算着火时刻，但对

放热率、燃烧效率及氮氧化物的排放预测误差较大。

4.2.4.2 多区模型

现实中发动机中即使采用 HCCI 燃烧方式，混合气体也不可能完全均匀分布，且由于壁面传热等因素的影响，混合气体的温度也是不均匀分布的。多区模型将整个计算区域划分成许多小区域，每个区域内的温度、压力及组分浓度近似相等，不同区域之间有所不同，相对于单区模型，多区模型可以计算放热率、燃烧效率、平均有效压力以及生成物排放，可以更准确地描述燃烧过程。多区模型计算区域的划分方式可分为两大类：一是 Aceves 等[62] 根据计算区域的温度分布进行划分，在缝隙区及边界层区，由于壁面传热温度变化较大，细分为质量很小的区间，而在燃烧计算中心温度基本均匀，划分为质量较大的区间；二是 Easley 等[63] 根据计算区域气体的分布位置，将整个计算区域划分为内核区、外区、边界层区及缝隙区。分区数目越多，多区模型的计算越接近真实的燃烧过程，但相应会增加计算时间。总体而言，有限区间数的多区模型，可以很好地计算 HCCI 燃烧和排放性能，且不需要大量的计算时间。

4.2.4.3 多维模型

多维模型考虑了气缸内工质非均匀性的影响，但由于忽略了气体流动过程，因而无法描述和模拟湍流混合等因素对燃烧的影响。只有将多维模型与详细化学动力学模型相耦合，才能准确地模拟实际 HCCI 燃烧过程中复杂的物理化学变化。Kong 等[64] 在化学反应速率的计算中采用了特征反应时间模型，考虑了化学动力学和湍流混合两个因素，结果表明气缸内湍流对 HCCI 燃烧反应率具有重要影响，并通过影响壁面传热而改变混合气的温度分布，进而影响着火时刻和燃烧持续期。他们还详细分析了网格密度及其他初始条件对多维模型计算结果的敏感性。结果表明网格划分的疏密对气缸内压力的影响不大，但对 CO 排放的预测误差较大，只有对活塞环缝隙区的网格进行加密设置，达到对温度梯度的高分辨率，才能准确地预测 HC 及 CO 排放。将多维模型与详细反应机理相耦合能够较准确地研究 HCCI 燃烧，但对计算机的硬件要求非常高，计算量巨大。为了解决这一难题，国内外学者通常采用简化详细化学反应机理的方法来达到减少计算量的目的，另外也可以采用并行计算技术和在线函数近似数据库（DOLFA）的方法。DOLFA 方法预先计算好了化学反应源项并将其存储在数据库中，计算过程中直接从数据库中提取源项,无须对此源项再进行积分计算,并能定时删除过时记录点,大大减少了计算量。

本书中为了减少多维模型的计算量,采用了详细化学反应机理与多维模型不完全耦合的方法,将每一个时间步长内的计算结果按时间顺序串联起来。首先通过边界条件,定义燃烧室内混合气体的初始温度、压力、组分浓度等参数,指定活塞在下个时间步长内的位移量,通过活塞位移对混合气体体积压缩的影响,计算混合气在各个网格单元的组分浓度、温度和压力等参数,并将计算结果作为新初始条件传给多维模型,供 CFD 程序进行下一步的计算,此过程交替进行直到燃烧结束。因此时间步长越小,越能准确模拟 HCCI 的燃烧过程。

4.3　数值计算方法及动网格的实现

4.3.1　数值计算方法

利用商用预处理软件 ICEM CFD 对计算区域进行网格划分。考虑到微燃烧室结构的对称性和计算时间的成本,数值计算中使用 1/6 对称性网格模型。网格模型中泄漏间隙层长度与自由活塞等长,两个动网格面之间的区域代表着自由活塞。自由活塞右侧为 P_∞ 和 T_∞ 的自由边界,混合气泄漏出口设置为压力边界条件,1/6 燃烧室切分面设置为周期性边界条件。计算网格模型如图 4-6 所示。

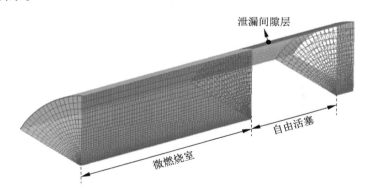

图 4-6　计算网格模型

本研究采用耦合动态网格技术和化学反应动力学建立了多维计算模型,

结合 CFD 软件 Fluent 19.2 与 CHEMKIN 19.2 计算活塞运动与微燃烧室内的流动与传热。自由活塞两端面均设定为运动面,使用动态铺层(layering)的体网格再生方法来计算动网格的运动。通过编译 UDF(用户自定义函数)程序来确定自由活塞在燃烧室中的初始运动速度,湍流模型采用 Re-Normalization-Group(RNG)模型。模拟计算中采用 EDC(涡耗散概念模型)为求解器中的反应模型及二阶迎风格式离散化的对流项插值方法,同时采用压力隐式分离算子(PISO)算法来确保计算的准确性。由于整个压缩及膨胀周期非常短,约为 2 ms,计算中时间步长设置为 2×10^{-4} ms。

4.3.2　动网格的实现

动网格模型(dynamic mesh model)用于模拟流体域边界随时间改变的问题。边界运动形式可以预先定义(指定速度、角速度或位移等),也可以预先运动形式是未知的(由计算结果决定边界的运动)。在 FLUENT 中使用动网格模型时,需要先定义初始网格、边界的运动方式,边界运动方式的定义可以利用 Profile 文件或 UDF 文件来指定。传统发动机中活塞的运动规律受曲柄连杆的限制,运动行程固定,上止点与下止点的位置固定;由于微自由活塞动力装置的自由活塞的运动行程只受燃烧室内混合气体的作用,运动行程未知,无固定的上止点位置,具有可变压缩比,本研究中利用自定义 UDF 文件来指定其运动规律。

FLUENT 中包含 3 种网格更新方法:弹性光顺(spring smoothing)方法、动态(dynamic layering)方法及局部网格重构(local remeshing)方法。

4.3.2.1　弹性光顺方法

弹性光顺方法中的网格边被理想化为由节点相互连接的弹簧,能够被压缩或者被拉伸。移动前网格间距的节点之间的连接属性不变,节点不会增加或删除,其数量和连接关系保持不变。若单独使用,该方法适用于边界易变形或运动幅度较小的情况。该方法适用于非结构化网格,包括三角形、四面体网格,偶尔也可用于六面体、三棱柱网格。

4.3.2.2　动态层方法

动态层方法主要是根据网格层高度的变化而合并或者分裂网格:在网格运动过程中,若相邻的网格层高度大于设定的值,则该网格会分裂成两个网格层;而若网格层高度小于一定值时,相邻边界的两层网格会合并成一层网格。该方法具有以下特点:网格之间的连接关系随着网格的增加或删除而变化;主要适用于四边形、六面体或三棱柱网格;通常用于边界做线性运动或者仅做旋转运动的情况。

4.3.2.3　局部网格重构方法

弹性光顺方法主要用于非结构化网格,而对于运动边界位移过大的网格可能会引起网格质量下降,运动过程中易出现负体积,使计算结果出错,针对这一问题,FLUENT 中提出网格重构方法。该方法具有以下特点:若网格的扭曲率和尺寸超过用户自定义数值时,局部网格节点和体网格就会增加或删除,网格的连接属性也随之发生改变;主要用于大变形或大位移情况;仅适用于三角形和四面体网格;FLUENT 中局部网格重构和弹性光顺方法通常一起使用。

考虑到本书模型采用的六面体结构化网格划分,因此采用动态层方法对动网格进行设置,并结合如下所示的自定义 UDF 文件定义自由活塞的运动规律。

```
#include"udf. h"
DEFINE_SDOF_PROPERTIES( mov,prop,dt,time,dtime)
{
prop[ SDOF_MASS] =m/36;
        prop[ SDOF_ZERO_TRANS_X] =TRUE;
        prop[ SDOF_ZERO_TRANS_Y] =TRUE;
    prop[ SDOF_ZERO_ROT_X] =TRUE;
    prop[ SDOF_ZERO_ROT_Y] =TRUE;
    prop[ SDOF_ZERO_ROT_Z] =TRUE;
if( time<=0. 00001)
{
prop[ SDOF_LOAD_F_Z] =( m/6) * v₀/0. 00001;
}
Message0( "\nUpdated 6DOF properties\n") ;
}
```

该程序文件的说明如下:给定质量为 m 的自由活塞,在 $1×10^{-5}$ s 内给自由活塞在 z 轴正方向施加一个大小为 F 的力,保证自由活塞能够以初速度 v_0 展开运动。由于网格模型选取了燃烧室的 1/6,对应的活塞的质量为 $m/6$。文件开头虽定义了 6 个自由度的运动方向,但在实际压缩过程中,活塞只沿 z 方向运行,所以程序后面将 x,y,z 方向的转动与 x,y 方向的平动关闭,只定义

了 z 轴方向自由活塞的运动。

4.3.3 计算模型的验证

本书为验证燃烧计算模型的正确性,将模拟结果与试验结果进行对比,以验证燃烧计算模型的正确性。设置相同的试验与模拟初始条件:微燃烧室容积为 0.261 mm³,直径为 3 mm,混合均质气体为甲烷与空气,初始温度为 300 K,初始压力为 0.1 MPa,当量比为 1,自由活塞初速度为 20 m/s(确保着火燃烧)。展开试验研究,单次循环燃烧室内部的燃烧过程图像如图 4-7 所示。图 4-8 与图 4-9 为试验与模拟关于微燃烧室压力和指示功的对比:从图 4-8 可看出,模拟结果的压力变化规律与试验所测的压力变化规律吻合较好,二者相差小于 1%;图 4-9 为试验与模拟计算的示功图对比,比较计算的指示功,二者相差小于 5%。

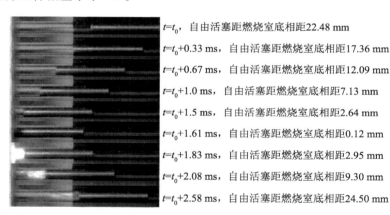

$t=t_0$,自由活塞距燃烧室底相距22.48 mm

$t=t_0$+0.33 ms,自由活塞距燃烧室底相距17.36 mm

$t=t_0$+0.67 ms,自由活塞距燃烧室底相距12.09 mm

$t=t_0$+1.0 ms,自由活塞距燃烧室底相距7.13 mm

$t=t_0$+1.5 ms,自由活塞距燃烧室底相距2.64 mm

$t=t_0$+1.61 ms,自由活塞距燃烧室底相距0.12 mm

$t=t_0$+1.83 ms,自由活塞距燃烧室底相距2.95 mm

$t=t_0$+2.08 ms,自由活塞距燃烧室底相距9.30 mm

$t=t_0$+2.58 ms,自由活塞距燃烧室底相距24.50 mm

图 4-7 燃烧室内燃烧过程图像

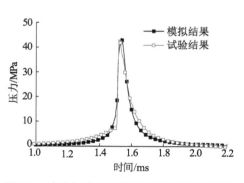

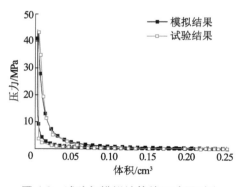

图 4-8 试验与模拟计算的压力变化规律对比　　**图 4-9 试验与模拟计算的示功图对比**

除了验证微自由活塞动力装置压力和示功图曲线,本书还对微活塞的运动位移曲线的模拟和试验结果。初始条件为:微燃烧室长度为 35 mm,内径为 3 mm,自由活塞的初始速度为 30 m/s,初始温度为 300 K,初始压力为 0.1 MPa,混合燃气当量比为 0.5。图 4-10 所示为无泄漏与泄漏条件下自由活塞位移的试验和模拟结果,从图中可以看出试验工况与有泄漏工况的自由活塞位置曲线大致保持一致,无泄漏工况由于混合气膨胀做功比有泄漏工况多,故膨胀速度较大,位置曲线斜率较大。图 4-10 表明本模型能较准确地模拟微燃烧室内 HCCI 的燃烧过程。

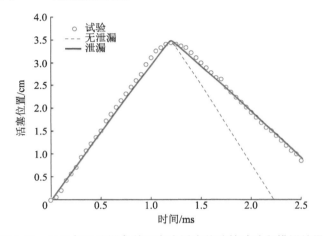

图 4-10 泄漏与无泄漏条件下自由活塞位移的试验和模拟结果

4.4 微自由活塞动力装置 HCCI 燃烧特性影响因素数值分析

在第 3 章中对微自由活塞动力装置单次压缩燃烧过程开展了可视化试验研究,定性并定量的分析了微尺度燃烧特性与自由活塞运动规律。但因为可视化微燃烧室由高硼硅玻璃材料加工而成,对压力的承受能力有限,所以借助可视化试验手段无法对极端工况下微压缩燃烧过程开展研究。同时受微加工技术的限制,无法精确制作不同间隙的可视化微燃烧室,进而无法通过可视化试验方法研究泄漏间隙对微自由活塞动力装置工作过程的影响。因此,对单次压缩着火过程开展变参数模拟研究是有必要的。本书针对研究对象建立了物理模型和数学模型,并对计算模型进行了正确性验证计算。本书采用 FLUENT 软件,主要对影响微自由活塞动力装置 HCCI 燃烧特性的各种因素开展详细的模拟计算与结果分析,主要影响因素有自由活塞的初始条件、混合气体初始特性及微燃烧室的几何特征等,如图 4-11 所示。

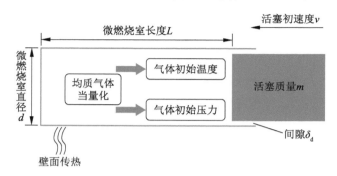

图 4-11 微自由活塞动力装置 HCCI 燃烧特性的影响因素

4.4.1 自由活塞初始条件的影响

4.4.1.1 自由活塞压缩初速度的影响

自由活塞压缩初速度的大小决定了混合气体的压缩程度,直接影响微燃烧室内混合气体的压缩燃烧过程。本书首先针对长度为 50 mm、直径为 5 mm 的微燃烧室进行了计算,其中活塞质量为 1 g,可燃气体为丙烷,当量比为 0.5,均质混合气初始温度为 300 K,初始压力为大气压力,活塞与微燃烧室内壁面间隙为 0 μm,即无泄漏模型。活塞压缩初速度分别取值为 40 m/s, 35 m/s, 30 m/s, 25 m/s, 23.5 m/s。

在不同活塞初速度条件下微燃烧室内温度、压力、活塞运动速度及位移随时间的变化曲线如图 4-12 所示。从图 4-12a,b 中可以看出,当活塞初速度为 23.5 m/s 时,自由活塞压缩均质混合气过程中,最高温度与最大压力值分别为 1 195 K 和 14.6 MPa,温度与压力值未发生剧烈变化,均质混合气未发生压缩着火。当活塞初速度增加至 25 m/s 时,在 2.23 ms 时刻温度从 1 367 K 增大至 2 744 K,压力值从 21 MPa 增大至 43 MPa,说明均质混合气发生了剧烈的化学反应,压缩着火释放的化学能使混合气体温度与压力增大。随着活塞初速度的不断增加,混合气体压缩着火时的最大温度值与最大压力值也不断增加,且温度与压力值发生突变的时刻点不断提前,说明活塞初速度的增加有利于均质混合气压缩着火的发生,且能促进着火时刻的提前。

图 4-12c 和图 4-12d 分别为活塞速度与位移随时间的变化曲线,当活塞的初速度为 23.5 m/s 时,由于均质混合气没有发生化学反应,仅发生压缩与膨

胀的物理过程,活塞返回时的末速度与初速度相近。当活塞初速度增加到 25 m/s 时,活塞压缩至微燃烧室底部时均质混合气压缩着火,由于气体燃料化学能的释放,微燃烧室内压力与温度突增,混合气体在微小空间里急剧膨胀,推动自由活塞返回,最大末速度达到 38 m/s 左右,远大于活塞初速度 25 m/s。随着自由活塞初速度由 25 m/s 增加到 40 m/s,微燃烧室里最大压力值由 43 MPa 增加到 258 MPa 左右,最大温度值增加了 1 750 K 左右,自由活塞返回的最大末速度也从 38 m/s 增加至 54 m/s。从活塞位移曲线图可以看出,随着活塞初速度的增加,活塞压缩行程所用的时间越来越少,均质混合气压缩程度越来越大,压缩比从 39 增大至 160 左右(压缩比为微燃烧室初始容积与压缩终了容积之比),且单次压缩着火过程所用的时间越来越短,运行周期从 4.74 ms 缩短至 2.24 ms。

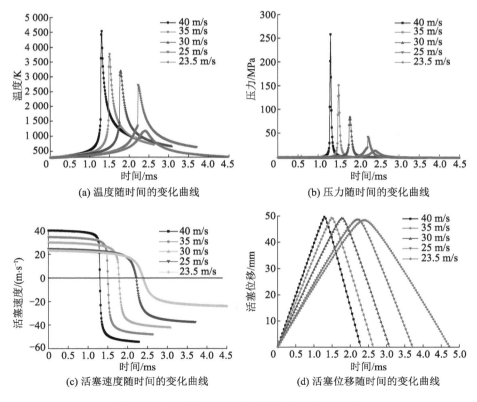

(a) 温度随时间的变化曲线　　　　(b) 压力随时间的变化曲线

(c) 活塞速度随时间的变化曲线　　　(d) 活塞位移随时间的变化曲线

图 4-12　活塞初速度对微压缩燃烧过程的影响

通过计算及分析得出,自由活塞初速度是决定均质混合气能否压缩着火的重要因素之一。相同条件下,初速度越大,均质混合气越容易压缩着火,且着火时刻提前,压缩着火周期缩短。但初速度过高时微燃烧室内压力与温度的变化幅度太大,微压缩燃烧过程比较粗暴。

4.4.1.2 自由活塞质量的影响

从自由活塞动力装置单次压缩着火试验原理可以看出,活塞获得一定的初速度后,不再有持续力的作用,活塞在惯性作用下压缩均质混合气,而活塞的质量越大,惯性越大。本书为了研究活塞质量对微压缩燃烧过程的影响,针对长度为 50 mm、直径为 3 mm 的无泄漏微燃烧室进行了数值计算。其中活塞的初速度为 30 m/s,可燃气体为丙烷,当量比为 0.5,初始压力和温度分别为 0.1 MPa 和 300 K,活塞质量分别选择 0.5 g,1 g,1.5 g,2 g。

从图 4-13 可以看出,在上述计算条件下,当活塞质量为 0.5 g 时,均质混合气未被压燃,最高温度与最大压力值比较小,活塞返回末速度与活塞压缩初速度值相近。

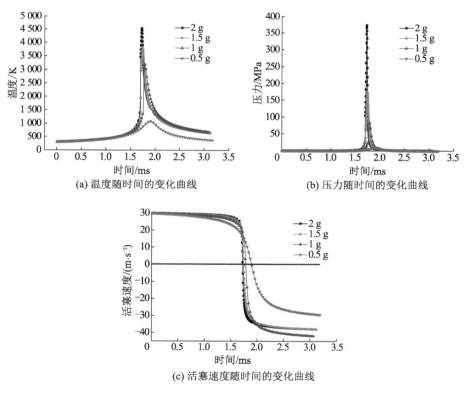

(a) 温度随时间的变化曲线

(b) 压力随时间的变化曲线

(c) 活塞速度随时间的变化曲线

图 4-13　不同活塞质量对微压缩燃烧过程的影响

当活塞质量增加到 1 g 时,均质混合气能够压缩着火。随着活塞质量的增加,混合气体压力与温度值变化幅度增大,当活塞质量为 1 g 时,压力最大值为 85 MPa,而当活塞质量为 2 g 时,压力最大值为 370 MPa,相差 4 倍多,最高温度值也相差 1 500 K,活塞质量的变化对均质混合气燃烧过程产生了很大的影响。但是随着活塞质量的增加,压缩着火时刻稍微有所提前,对着火时长的影响不是很大。

从活塞速度变化曲线图中可以看出,当活塞质量为 0.5 g 时,混合气体未发生压缩燃烧,活塞返回末速度为 30 m/s 左右。随着活塞质量由 1 g 增加到 2 g 时,混合气体均能压缩着火,但活塞返回时最大末速度却有所减小,主要是由于相同工况下混合气体燃烧产生的化学能大致相同,气体膨胀过程中活塞获得的动能相同,活塞质量越大,末速度反而越小。因此在设计微自由活塞动力装置时,自由活塞质量应在一定的范围之内,质量越大,最大压力值越大,燃烧过程越粗暴,越不利于自由活塞运动过程的控制。

4.4.2　均质混合气特性的影响

4.4.2.1　当量比对燃烧过程的影响

本节数值计算选取直径为 2 mm、长度为 20 mm 的微自由活塞动力装置燃烧室为研究对象,为了分析当量比对二甲醚微自由活塞动力装置 HCCI 燃烧的影响,数值模拟选取的当量比分别为 0.4,0.6,0.8,1.0。自由活塞初速度设置为 11.5 m/s,该速度的选取是为了保证在 4 种当量比下微自由活塞动力装置内 C_2H_6O 均能被压燃,并基于完全燃烧下的 4 种当量比燃烧的对比,分析微自由活塞动力装置的燃烧特性及动力性能,探究微自由活塞动力装置在低当量比下燃烧的性能优势。

图 4-14 和图 4-15 分别为不同当量比下微燃烧室内的温度及压力的变化曲线。随着当量比的减小,混合气中的燃料总量减少,着火后燃烧释放的能量减少,从而导致微燃烧室内的温度及压力减小。在 4 种当量比下,微燃烧室内混合气着火后的温度峰值分别为 3 173 K,2 984 K,2 668 K,2 248 K,压力峰值分别为 49.7 MPa,43.7 MPa,36.6 MPa,28.7 MPa,微燃烧室在整个压缩膨胀过程中的平均温度分别为 974 K,926 K,859 K,774 K。研究结果表明,降低混合气当量比能够起到很好的低温及低压燃烧效果,从而降低微自由活塞动力装置对燃烧室壁面材料强度的要求,提高研究开发微自由活塞动力装置的可行性。

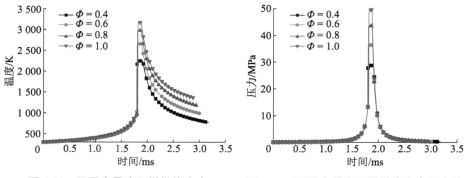

图 4-14　不同当量比下微燃烧室内　　　　图 4-15　不同当量比下微燃烧室内压力的
温度的变化曲线　　　　　　　　　　　　　变化曲线

对于微自由活塞动力装置而言,燃烧的着火时刻会直接影响自由活塞的最大压缩行程,从而也影响微自由活塞动力装置压缩比的大小。图 4-16 为不同当量比下微燃烧室内燃料二甲醚(C_2H_6O)的质量分数变化,通过燃料的消耗曲线可以定性地分析当量比对着火时刻的影响。

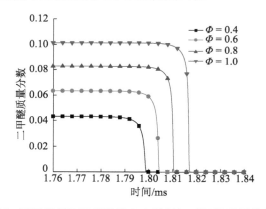

图 4-16　不同当量比下微燃烧室内燃料(二甲醚)质量分数变化

从图中可以看出,因为 HCCI 具有多点着火且燃烧迅速的特点,所以导致微燃烧室中燃料燃烧的周期短,C_2H_6O 燃料从着火到完全消耗所需的时间约为 0.005 ms。同时通过观察 C_2H_6O 组分消耗时刻可以看出,在当量比分别为 0.4,0.6,0.8,1.0 时,微自由活塞动力装置的着火时刻分别为 1.786 ms,1.795 ms,1.803 ms,1.809 ms,结果说明在一定范围内减小当量比能够小幅度提前混合气的着火时刻。这是由于随着当量比的减小,均质混合气的热容减小,压缩过程中微燃烧室内温度上升越快,微燃烧室内 C_2H_6O 混合气越容易发生低温反应,从而导致微自由活塞发动机的着火时刻提前,计算结果呈现与常规 HCCI 发动机一致的现象[55]。由于着火时刻的变化,微自由活塞动力装置在 4 种当量比下($\Phi = 0.4, 0.6, 0.8, 1.0$)对应的压缩比分别为 34.3,35.1,35.8,36.1。

当量比大小直接决定了混合气中燃料占比的多少,因此影响燃料燃烧放热量的多少。图 4-17 为不同当量比下微燃烧室内均质混合气的燃烧放热率变化曲线。从图中可以看出,随着当量比的减小,混合气中的二甲醚燃料的占比减小,从而导致燃烧放热率减小。4 种当量比下燃料的放热率可以用来反映燃料的燃烧效率。

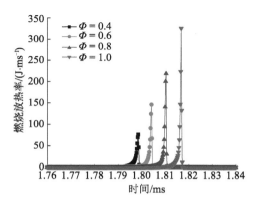

图 4-17 不同当量比下燃烧的放热率曲线

指示功 W_i 及指示热效率 η_{it} 是评价微动力装置动力性能的基本指标,其计算公式分别如下:

$$W_i = \int p dV \tag{4-35}$$

$$\eta_{it} = \frac{W_i}{Q} \tag{4-36}$$

式中:p 为微燃烧室内压力,MPa;V 为体积,cm^3;Q 为由放热率积分得到的燃烧放热量,J。

图 4-18 不同当量比下燃烧过程 p-V 图,从图中可以看出,随着当量比的减小,p-V 图面积不断减小,在当量比 $\Phi = 0.4, 0.6, 0.8, 1.0$ 时,微自由活塞动力装置对应的指示功分别为 0.064 5 J,0.093 1 J,0.119 5 J,0.141 6 J,即微自由活塞动力装置的指示功随当量比的减小不断减小。

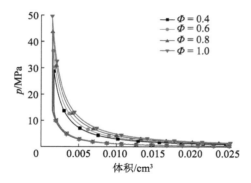

图 4-18　不同当量比下燃烧过程 $p-V$ 图

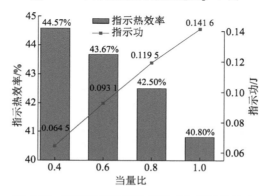

图 4-19　不同当量比下的指示功与指示热效率

　　表 4-1 为不同当量比下微自由活塞动力装置性能。计算结果表明,随着当量比的减小,微自由活塞动力装置的指示功、燃烧放热量均逐渐减小;然而,由于在较小的当量比下,C_2H_6O 与空气混合得更加充分,且小的当量比能够提高燃烧终了时均质混合气的绝热指数 κ,这样能够有利于提高活塞返回时的膨胀功,使得燃料的燃烧效率提高,因此微自由活塞动力装置的指示热效率随着当量比的减小而提高。

表 4-1　不同当量比下微自由活塞动力装置性能

当量比 Φ	压缩比 CR	指示功 W_i/J	燃烧放热量 Q/J	指示效率 η_{it}/%
0.4	34.3	0.064 5	0.144 7	44.57
0.6	35.1	0.093 1	0.213 2	43.67
0.8	35.8	0.119 5	0.281 2	42.50
1.0	36.1	0.141 6	0.347 1	40.80

通过对以上的数值模拟结果分析可知,在小的当量比下燃烧有利于降低微自由活塞动力装置的燃烧温度与压力,从而改善微自由活塞动力装置的工作条件,拓宽适用范围。此外,小的当量比下,二甲醚与空气混合得更加充分,燃料的燃烧效率提高。虽然随着当量比的减小,微自由活塞动力装置的动力性能逐渐下降,但对于开发与研究微自由活塞动力装置而言,动力性不是首要目标。

4.4.2.2　混合气初始温度的影响

在对 HCCI 燃烧过程的研究中发现,利用废气温度预热均质混合气可以减少热量损失,提高燃烧效率,因此本书研究了均质混合气初始温度对微 HCCI 燃烧过程的影响,针对长度为 50 mm、直径为 3 mm 的微燃烧室,在不同初始温度条件下开展了一系列的数值计算。其中,燃料为甲烷,自由活塞质量为 1.0 g,初速度为 30 m/s,混合气体当量比为 0.5,初始压力为 0.1 MPa,初始温度分别取值为 300 K,350 K,400 K,450 K 和 500 K。

图 4-20 为不同均质混合气在初始温度条件下,微燃烧室内压力、温度及活塞速度随时间的变化曲线。

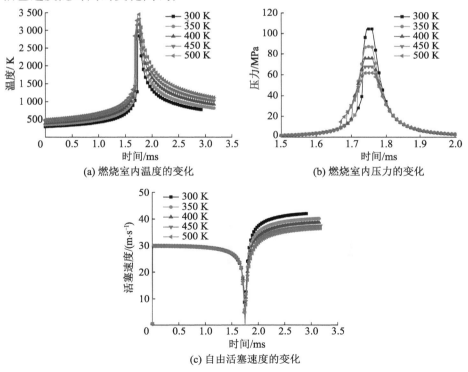

(a) 燃烧室内温度的变化　　(b) 燃烧室内压力的变化

(c) 自由活塞速度的变化

图 4-20　初始温度对微压缩燃烧过程的影响

从图 4-20 中可以看出,随着均质混合气初始温度的增加,混合气体压力与温度发生突变的时刻点不断提前,即着火时刻提前。初始温度由 300 K 增加到 500 K 时,着火时刻提前了 0.08 ms,说明对均质混合气进行预热处理有利于均质混合气压缩着火的发生。均质混合气压缩燃烧后,混合气体最高温度随初始温度的增加而增大,而最高压力及活塞返回平均速度随初始温度的增加而减小,最高温度上升了 700 K,而最高压力下降了 41 MPa,活塞返回最大末速度减小了 6 m/s。初始温度的增加使得均质混合气密度减小,可燃气体质量减小,燃烧释放的能量减少,故最高压力以及膨胀末速度减小。虽然对均质混合气进行预热有利于压缩着火的发生,但随着预热温度的增加,最大温度值也随之增加,壁面散热损失也会随之增加,因此对均质混合气预热应控制在一个合理的范围之内。

4.4.2.3　混合气初始压力的影响

为了研究均质混合气初始压力对微压缩燃烧过程的影响,本书对长度为 50 mm、直径为 3 mm 的微燃烧室模型开展了数值计算。其中,自由活塞质量为 1.0 g,初速度为 30 m/s,均质混合气当量比为 0.5,初始温度为 300 K,初始压力分别为 0.101 MPa,0.131 MPa,0.161 MPa,0.191 MPa。

从图 4-21d 中可以看出,随着初始压力的不断增加,均质混合气被压缩的程度不断减小,压缩比不断减小,导致均质混合气在压缩过程中无法聚积足够的能量使均质混合气温度达到自燃点温度,因此当初始压力增加到 0.191 MPa 时,均质混合气无法压燃。从温度及压力随时间的变化曲线中可以看出,随着初始压力的增加,温度与压力值发生突变的时刻不断推迟,即着火时刻不断延迟,说明均质混合气增压不利于压缩着火的发生。从图 4-21c 中活塞速度随时间的变化曲线中可以看出,在活塞的压缩行程中,随着均质混合气初始压力的增加,活塞受到的压缩阻力增大,速度下降较快,活塞到达上止点的时间增长,压缩比减小,均质混合气燃烧时的空间增大,因此最大压力与最高温度值会随之减小,燃烧工况相对较稳定。由于均质混合气燃烧稳定,释放的化学能增加,使得自由活塞在膨胀行程中的平均速度增加,说明增加均质混合气的初始压力有利于提高微自由活塞动力装置的动力输出性能。

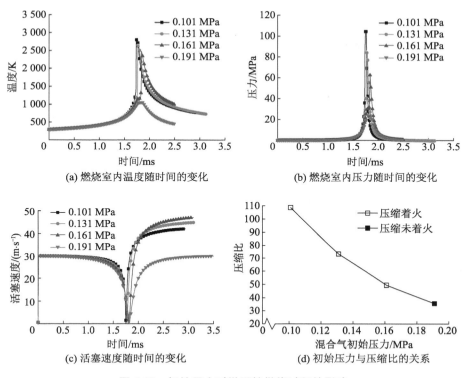

(a) 燃烧室内温度随时间的变化　　　(b) 燃烧室内压力随时间的变化

(c) 活塞速度随时间的变化　　　(d) 初始压力与压缩比的关系

图 4-21　初始压力对微压缩燃烧过程的影响

均质混合气初始压力的增加,不利于均质混合气压缩着火的发生,需要更大的压缩初速度,但可以提高动力输出性能,因此需要综合考虑,在一定范围内提高均质混合气的初始压力,全面提高微动力装置的综合性能。

4.4.3　微燃烧室几何特征的影响

4.4.3.1　微燃烧室长度的影响

微自由活塞动力装置燃烧室的几何形状比较简单,呈圆柱形(见图 4-6),微燃烧室直径与微燃烧室长度这两个因素决定了微燃烧室的模型,其中微燃烧室长度特指活塞压缩开始时,其端面到微燃烧室底部的距离。因此,主要探究不同微燃烧室直径与长度条件下,微压缩燃烧过程的变化情况。

计算了直径为 5 mm,长度分别为 30 mm,50 mm,70 mm 和 80 mm 的四种微燃烧室模型,其中可燃气体为丙烷,均质混合气当量比为 0.5,初始压力和温度分别为 0.1 MPa 和 300 K。活塞质量为 1 g,初速度为 30 m/s,均质混合气压缩燃烧的情况。

从图 4-22 混合气体压力和温度在不同管条件下的变化曲线可以看出,相同条件下,微燃烧室长度对微压缩燃烧过程的影响比较大。随着微燃烧室长度的不断增加,均质混合气着火时刻不断推迟,当长度增加至 80 mm 时,在上述计算条件下均质混合气没能压缩着火,相同条件下,长度的增加不利于均质混合气压缩着火的发生。在相同条件下,长度越长,单次循环周期越长,因此会降低微动力装置的工作频率。

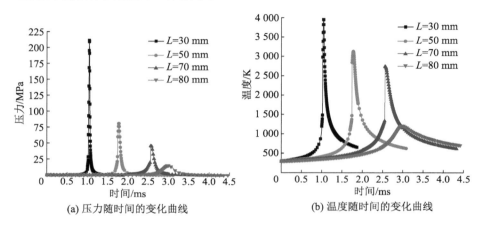

(a) 压力随时间的变化曲线　　(b) 温度随时间的变化曲线

图 4-22　微燃烧室长度对压缩燃烧过程的影响

为了进一步研究微燃烧室长度对燃烧过程的影响,本书针对不同微燃烧长度模型,在不同的活塞初速度下进行了计算,结果如图 4-23 所示。从图中可以得出,微燃烧室长度为 30 mm,活塞初速度为 17 m/s,压缩比为 29;长度为 50 mm,活塞初速度为 23 m/s,压缩比为 35;长度为 50 mm,活塞初速度为 25 m/s,压缩比为 47;长度为 70 mm,活塞初速度为 25 m/s,压缩比为 25;长度为 80 mm,活塞初速度为 30 m/s,压缩比为 39 时,气体都未能压缩着火。微燃烧室长度越长,均质混合气压缩着火所需要的初速度越大,长度为 30 mm 时,20 m/s 的活塞压缩初速度便能使均质混合气着火,而当微燃烧室长度增加至 80 mm 时,则需要 35 m/s 左右的压缩初速度才能使得均质混合气压缩着火。根据压缩比与管长的关系图初步可以判定管径为 5 mm 的微燃烧室模型,不论长度与活塞速度如何变化,只有压缩比大于 48 时,均质混合气才能够压缩着火。

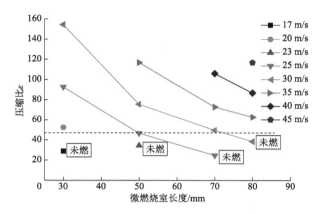

图 4-23　微燃烧室长度与压缩比的关系

4.4.3.2　微燃烧室直径的影响

为了进一步研究微燃烧室几何尺度对 HCCI 的影响,本书探讨了微燃烧室直径对着火特性的影响。本书计算了活塞质量为 1 g,活塞初速度为 30 m/s,均质混合气当量比为 0.5,长度为 50 mm,直径分别为 3 mm,4 mm 和 5 mm 的 3 种微燃烧室,在不同的活塞压缩初速度下均质混合气压缩燃烧的情况。

图 4-24 中给出了在不同活塞压缩初速度下,压缩比和着火时刻与微燃烧室直径之间的关系。从图 4-24 中可以得到,在相同的直径下,随着活塞初速度的增加,均质混合气着火时刻不断提前,同时压缩比也不断增大。当活塞压缩初速度不变时,如活塞初速度为 25 m/s 时,随着直径的增加,着火时刻不断推后,压缩比明显减小,直径越大,越不容易被压缩着火。

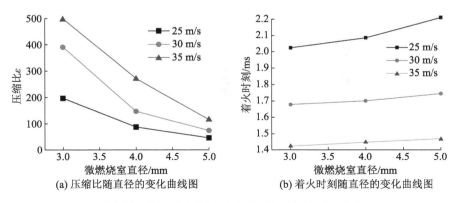

(a) 压缩比随直径的变化曲线图　　　(b) 着火时刻随直径的变化曲线图

图 4-24　微燃烧室直径对压缩比和着火时刻的影响

4.4.3.3 压缩着火临界条件

通过以上数值模拟研究可以得出,影响均质混合气压缩燃烧的因素比较多,它们对试验研究和微动力装置的设计有一定的指导意义,而临界压缩着火条件的探索具有较高的学术价值。在之前的分析中不难看出,无量纲参数压缩比与均质混合气压缩着火有直接的联系,所以研究各种参数的变化与当量比和均质混合气压缩着火之间的关系比较有意义。

设定无量纲参数 L/d,其中 L 和 d 分别为微燃烧室的长度和直径。从已知结论可知,在一定的范围内,当量比的变化对着火时刻和压缩比的影响比较小,即当量比不会影响均质混合气的着火,所以不考虑当量比对压缩比的影响。在当量比取值为 1 时,计算了在不同的 L/d 和不同活塞初速度条件下,初始压力和温度分别为 0.1 MPa 和 300 K 时,压缩比与压缩着火的变化情况。

通过大量计算得出了在不同 L/d 下(其中微燃烧室直径最小取值为 1 mm,微燃烧室长度最小取值为 10 mm),均质混合气压缩着火时的临界压缩比,如图 4-25 所示,不同 L/d 下,压缩比在 48~55 之间,是均质混合气介于可压燃与不可压燃的一个临界区域,当压缩比小于 48 时,无论活塞的初速度及无量纲参数 L/d 如何变化,均质混合气都不能压缩着火;而当压缩比大于 55 时,不论其他条件如何变化,均质混合气均能压缩燃烧。压缩比 0~48 为不可压燃值域,48~55 为临界压燃值域,压缩比大于 55 为可压燃值域。

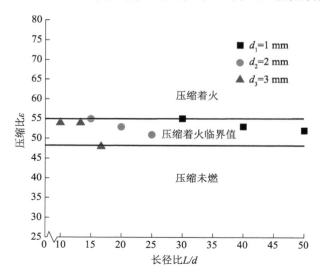

图 4-25 压缩比与 L/d 的关系曲线

4.4.4　泄漏间隙的影响

为了研究泄漏条件下微自由活塞动力装置的尺度设计依据,本节分析了包括径向间隙 δ、横向间隙 L_d 对微自由活塞动力装置做功能力和燃烧过程的影响。表 4-2 给出了微燃烧室的初始条件。微燃烧室直径 d 为 3 mm,长度 L 为 20 mm;横向间隙 L_d(即自由活塞长度)分别设定为 5 mm,10 mm,15 mm(考虑到微自由活塞动力装置的微型化,自由活塞长度控制在 15 mm 内);径向间隙 δ 分别为 0 μm(无泄漏),2.0 μm,4.0 μm,6.0 μm,8.0 μm。自由活塞的质量为 1 g,对于不同长度的自由活塞,假定选用不同材质,保证其质量不变。为实现不同压缩比从而达到各种参数条件下微自由活塞动力装置的可靠着火及不同的着火燃烧特性,结合前期相关的数值模拟结果,最终压缩比确定为 38,44,51,68,109(分别对应无泄漏间隙时,混合气未压燃、接近压燃、临界压燃、完全压燃、超高压缩比压燃 5 种情况),此时自由活塞初速度分别为 15 m/s,15.5 m/s,16 m/s,17 m/s,19 m/s。均质混合气体为甲烷和氧气的预混合气体,计算当量比(化学计量比)取为 1.0。

表 4-2　微燃烧室的初始条件

初始工作条件	数值
燃料	Ch_4/O_2
自由活塞质量 m/g	1
初始温度/K	300
初始压力/MPa	0.1
当量比 Φ	1
燃烧室直径 d/mm	3
燃烧室长度 L/mm	20
横向间隙 L_d/mm	5,10,15
径向间隙 $\delta/μm$	0.0,2.0,4.0,6.0,8.0
压缩比 ε	38,44,51,68,109

4.4.4.1　径向间隙的影响

为研究径向间隙 δ 对自由活塞运动特性的影响,图 4-26 给出了自由活塞速度与位移随径向间隙 δ(选取 0 μm,2.0 μm,4.0 μm,6.0 μm)变化的模拟结果,此时横向间隙 L_d 为 10 mm,压缩比 ε 为 109。图 4-26 中实心点表示自由活塞速度的变化,空心点表示自由活塞位移的变化。

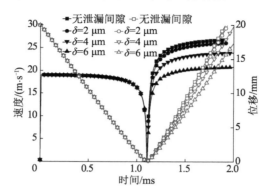

图 4-26　自由活塞速度与位移随径向间隙 δ 的变化($L_d = 10$ mm,$\varepsilon = 109$)

从图 4-26 中可看出,径向间隙 δ 对压缩过程中自由活塞位移和速度的影响不明显;但在膨胀过程中,随径向间隙 δ 的增加,自由活塞速度也相应减小。对比无泄漏间隙时,自由活塞末速度为 26.5 m/s,当径向间隙 δ 从 2 μm 增加到 6 μm 时,自由活塞末速度从 25 m/s 减小到 20 m/s。这表明随着径向间隙 δ 的增大,均质混合气体的泄漏量不断增加,系统总能量减小,导致活塞膨胀末速度减小。

图 4-27 为横向间隙 L_d 为 10 mm,压缩比 ε 为 109 时,径向间隙 δ 对燃烧过程压力的影响结果。

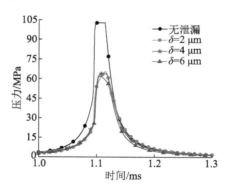

图 4-27　燃烧室内部压力随径向间隙 δ 的变化($L_d = 10$ mm,$\varepsilon = 109$)

从图 4-28 中可观察出,无泄漏间隙时,燃烧室内部最大压力约为 105 MPa;存在径向间隙 δ 时,燃烧室最高峰值压力降低,这是由于均质混合气泄漏的缘故;随着径向间隙 δ 的增加,最高峰值压力进一步降低。在压缩过程中,由于压力差的作用,混合气泄漏至燃烧室外,随着径向间隙 δ 的增加,均质混合气泄漏量增多,混合气体压力最大值降低。

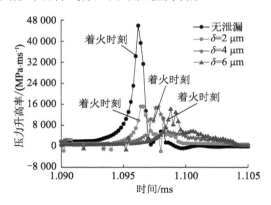

图 4-28　燃烧室内部压力升高率随径向间隙 δ 的变化($L_d = 10$ mm, $\varepsilon = 109$)

图 4-28 为燃烧室内压力升高率随径向间隙 δ 的变化曲线。无泄漏间隙时,燃烧室内的最高压力升高率最大,约为 4.610 4 MPa/ms,径向间隙 δ 增大时,最高压力升高率明显降低。当径向间隙 δ 为 2.0 μm 时,最高压力升高率约为 1.510 4 MPa/ms,径向间隙 δ 增大至 6 μm 时,最高压力升高率约为 1.410 4 MPa/ms;径向间隙 δ 的增加,最高压力升高率降低,降低了微自由活塞动力装置工作过程的粗暴性。

将最高压力升高率的前一个时刻点作为着火时刻,从图 4-28 中可看出,随着径向间隙 δ 的增加,着火时刻有所推迟(分别为 1.106 ms,1.108 ms,1.109 ms),这是由泄漏造成的压缩过程中燃烧室压力下降所致。横向间隙为 5 mm 和 15 mm 的条件下,计算结果也呈现上述特点。

指示功是反映一个循环内所做有用功的大小,本书针对不同径向间隙 δ 对微自由活塞动力装置的指示功进行评价。图 4-29 比较了几种径向间隙 δ(0 μm,2.0 μm,4.0 μm,6.0 μm)下的指示功值大小,此时横向间隙为 10 mm,不同的压缩比。不同径向间隙 δ 下,燃烧过程模拟结果显示均质混合气存在压燃和未压燃,指示功图中实心点值表示均质混合气压燃情况,空心点表示均质混合气未压燃情况。

从图 4-29 中可以看出,在不同的压缩比条件下,径向间隙为 2.0 μm 时的指示功值均高于无泄漏间隙情况;当径向间隙大于 2.0 μm,指示功随着径向

间隙 δ 的增加而减小,做功能力降低,即径向间隙为 2.0 μm 时,自由活塞在一个循环内所做指示功最大。

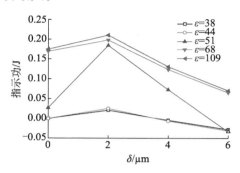

图 4-29　指示功随径向间隙 δ 变化的曲线图($L_d = 10$ mm)

图 4-30 给出了对应图 4-29 中压缩比为 109 时各个径向间隙 δ 的 $p\text{-}V$ 图,在无泄漏间隙条件下,尽管燃烧压力最高峰值最大,但做功能力并非最大;存在径向间隙,压缩过程消耗的功减少,而随着径向间隙 δ 的增加,均质混合气泄漏量增多,压缩功进一步减少,膨胀过程所做功也随之减少,两者共同作用,当径向间隙为 2 μm 时所做指示功最大。

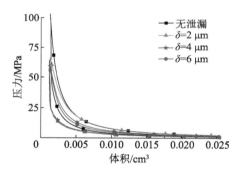

图 4-30　不同径向间隙 δ 下的示功图($L_d = 10$ mm, $\varepsilon = 109$)

图 4-31 和图 4-32 分别为横向间隙为 5 mm 和 15 mm 时的指示功变化规律,通过计算,指示功呈现与横向间隙为 10 mm 时同样的变化趋势。因此径向间隙为 2 μm 可以作为微自由活塞动力装置的最优尺寸。

在上述计算情况下,当压缩比为 51 时,与无泄漏间隙的情况比较,径向间隙为 2 μm 时,指示功波动幅度很大。这是由于在无泄漏间隙的情况下,均质混合气临界压燃,而存在一定径向间隙时,均质混合气体泄漏,使得压缩比增加,指示功因此增加,均质混合气体完全压燃。另外,在未压燃工况(压缩比为 38 和 44)下,指示功为很小的正值,这是由燃烧反应机理中存在低温反应,释放一定能量所致,温度未达到着火点,未发生燃烧。

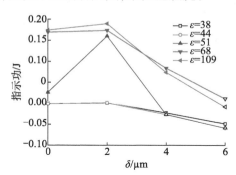

图 4-31　指示功随径向间隙 δ 变化的曲线图($L_d = 5$ mm)

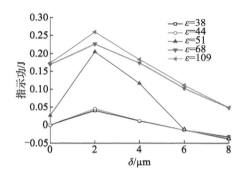

图 4-32　指示功随径向间隙 δ 变化的曲线图($L_d = 15$ mm)

4.4.4.2　横向间隙的影响

为研究横向间隙 L_d 对自由活塞速度和自由活塞位移变化的影响,本书研究了自由活塞速度与位移随横向间隙 L_d 为 5 mm,10 mm,15 mm 时的变化,如图 4-34 所示。此时径向间隙 δ 为 2 μm,压缩比为 109。图 4-33 中实心点表示自由活塞速度变化,空心点表示自由活塞位移变化。

从图中可看出,在 3 种横向间隙条件下,燃烧室内部均发生着火现象;压缩过程中,横向间隙 L_d 的变化对自由活塞速度变化的影响并不明显,而膨胀过程中,自由活塞速度随着横向间隙 L_d 的增加而增加,横向间隙 L_d 的影响主要发生在上止点过后。横向间隙 L_d 的增加,均质混合气体泄漏至燃烧室外的量减少,能量损失减少,因此自由活塞末速度增大,有利于提高微自由活塞动力装置的动力性。压缩过程中,横向间隙 L_d 对自由活塞位移的影响亦不明显,而膨胀过程中,自由活塞位移曲线横向间隙 L_d 的增加变陡,即自由活塞速度降低。

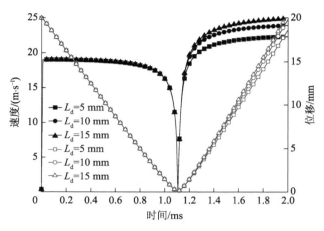

图 4-33　自由活塞速度与位移随横向间隙 L_d 变化的曲线图($\delta = 2.0\ \mu m, \varepsilon = 109$)

图 4-34 为由横向间隙 L_d 的改变引起的燃烧室压力变化的曲线图,其中压缩比为 109。从图中可看出,随着横向间隙 L_d 的增加,压力降低。横向间隙 L_d 引起的燃烧室内部压力升高率曲线如图 4-35 所示,当横向间隙 L_d 为 5 mm 时,燃烧室内部气体最大压力升高率约为 25 000 MPa/ms,横向间隙 L_d 增加至 15 mm,最大压力升高率约为 12 000 MPa/ms;随着横向间隙 L_d 的增加,燃烧室内部气体最大压力升高率明显降低,对微自由活塞动力装置工作过程爆震性的减小。将最高压力升高率的前一个时刻点作为着火时刻,当横向间隙 $L_d < 10$ mm 时,着火时刻随着横向间隙 L_d 的增加而提前,当横向间隙 $L_d > 10$ mm 时,着火时刻不再变化,横向间隙 L_d 对着火时刻的影响不明显。

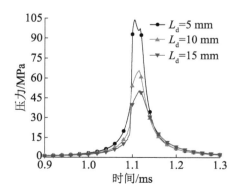

图 4-34　燃烧室的压力随横向间隙 L_d 变化的曲线图($\delta = 2.0\ \mu m, \varepsilon = 109$)

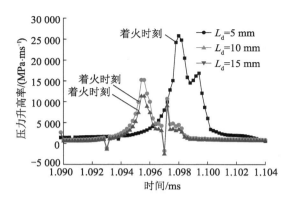

图 4-35　燃烧室内部压力升高率随横向间隙 L_d 变化的曲线图（$\delta = 2.0\ \mu m$，$\varepsilon = 109$）

　　径向间隙分别为 $4.0\ \mu m$，$6.0\ \mu m$，$8.0\ \mu m$ 时，微自由活塞动力装置燃烧室的燃烧状况均有上述特点。

　　本书主要采用指示功来评价微自由活塞动力装置的做功能力。图 4-36 给出了微自由活塞动力装置指示功随横向间隙 L_d 变化（选取 5 mm，10 mm，15 mm）的曲线图。在不同的横向间隙 L_d 下，均质混合气体燃烧状况不同，指示功图中实心点表示均质混合气体被压燃，空心点表示均质混合气未被压燃。由于燃烧室的体积相同，因此指示功的变化也反映了平均指示压力的变化。

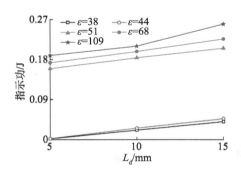

图 4-36　不同横向间隙 L_d 条件下的指示功变化曲线（$\delta = 2.0\ \mu m$）

　　从图 4-37 中可以看出，不同活塞初速度时，随着横向间隙 L_d 的增加，指示功随之增加，这是由横向间隙 L_d 增加，混合气体泄漏量减少，自由活塞末速度增加，做功能力提升所致。图 4-37 给出了对应自由活塞初速度为 19 m/s 时，横向间隙分别为 5 mm，10 mm，15 mm 时的 p-V 图，横向间隙的增加，压缩过程消耗的功减少,膨胀过程所做功增加,指示功因此增加。

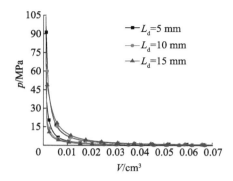

图 4-37 不同横向间隙 L_d 的示功图($\delta = 2.0$ μm,$\varepsilon = 109$)

径向间隙 δ 分别为 4 μm 和 6 μm 时,指示功随横向间隙 L_d 的变化分别如图 4-38 和图 4-39 所示。由图可知,横向间隙 L_d 的增加,做功能力提升。

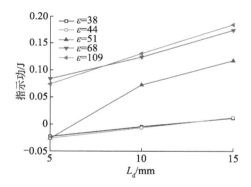

图 4-38 不同压缩比下指示功随横向间隙的变化曲线($\delta = 4.0$ μm)

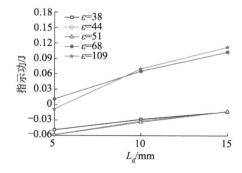

图 4-39 不同压缩比下指示功随横向间隙的变化曲线($\delta = 6.0$ μm)

4.4.4.3　临界间隙尺寸的研究与设计

（1）临界径向间隙 δ_{crit} 的定义

由前面的模拟分析可知，当径向间隙 δ 过大时，燃烧室均质混合气不能着火，因此，存在一个临界径向泄漏间隙 δ_{crit}，若 δ 超过该临界值，则微燃烧室内混合气不能着火压燃。显然，当自由活塞膨胀冲程末动能 $E_1 \leqslant$ 初动能 E_0 时，燃烧室内均质混合气未能着火；反之，当 $E_1 > E_0$ 时，均质混合气着火压燃。

设自由活塞动能变化率为 ΔE，其定义公式为

$$\Delta E = \frac{E_1 - E_0}{E_0} = \frac{\dfrac{1}{2}mv_1^2 - \dfrac{1}{2}mv_0^2}{\dfrac{1}{2}mv_0^2} = \frac{v_1^2 - v_0^2}{v_0^2} \tag{4-35}$$

式中：m 为自由活塞质量，kg；v_1 为自由活塞末速度，m/s；v_0 为自由活塞初速度，m/s；E_1 为自由活塞膨胀冲程末动能，J；E_0 为自由活塞压缩冲程初动能，J。

因此，ΔE 是否大于 0 是判定微自由活塞动力装置能否着火实现工作循环的重要判据。

为获得临界径向间隙 δ_{crit}，本书进行了不同活塞初始动能 E_0 和不同径向间隙下 δ 着火燃烧特性的模拟。

（2）临界径向间隙 δ_{crit} 与压缩比的关系

图 4-40 为在 3 种压缩比下，ΔE 与径向间隙 δ 的关系曲线（横向间隙 L_d 为 15 mm）。从图 4-40 中可以看出，在相同压缩比条件下，随着径向间隙 δ 的增加，均质混合气泄漏量增加，故 ΔE 随之减小。当压缩比为 51，径向间隙 δ 小于 4.0 μm 时，$\Delta E > 0$，燃烧室内混合气能被压燃；当径向间隙 δ 超过 6.0 μm 时，$\Delta E < 0$，燃烧室内部均质混合气体不能着火。因此上述条件临界径向间隙 δ_{crit} 准确值在 4.0 ~ 6.0 μm 之间。同理，当压缩比为 68 时，临界径向间隙 δ_{crit} 准确值在 6.0 ~ 8.0 μm 之间；当压缩比为 109 时，临界径向间隙 δ_{crit} 增大，在 7.0 ~ 8.0 μm 之间。因此，随着压缩比的增加（自由活塞初速度增加），临界径向间隙 δ_{crit} 也增加。这为微自由活塞动力装置的尺寸设计提供了参考依据。

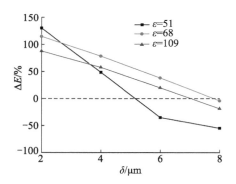

图 4-40　3 种压缩比下 ΔE 与径向间隙 δ 的关系曲线($L_d = 10$ mm)

（3）临界径向间隙 δ_{crit} 与横向间隙 L_d 的关系

图 4-41 所示为在 3 种横向间隙 L_d 下，ΔE 随径向间隙 δ 变化的曲线图，取压缩比为 68。从图中可发现，在同一横向间隙 L_d 下，ΔE 随着径向间隙 δ 的增加，相应减小。当横向间隙 L_d 为 5 mm，径向间隙 δ 小于 6.0 μm 时，$\Delta E > 0$；当径向间隙 δ 大于 6.0 μm 时，$\Delta E < 0$，燃烧室内均质混合气未被压燃。因此，当横向间隙 L_d 为 5 mm 时，临界径向间隙 δ_{crit} 在 4.0~6.0 μm 之间。同理，当横向间隙 L_d 为 10 mm 时，临界径向间隙 δ_{crit} 在 6.0~7.0 μm 之间；当横向间隙 L_d 为 15 mm 时，临界径向间隙 δ_{crit} 在 7.0~8.0 μm 之间。随着横向间隙 L_d 的增加，自由活塞与燃烧室壁面间的临界径向间隙 δ_{crit} 增大，径向间隙取值范围得到拓宽。

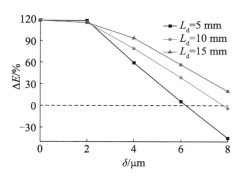

图 4-41　3 种横向间隙下 ΔE 与径向间隙 δ 的关系曲线($\varepsilon = 109$)

4.4.5　壁面传热因素的影响

由于微燃烧室体积大幅度缩小，大的面容比会产生热量损失。为了计算壁面传热对单次压缩燃烧过程的影响，本书针对微燃烧室壁面建立了壁面传热边界条件,传热过程遵循宏观尺度下的传热规律,以混合气向壁面的导热为主要传热方式。计算过程中设定外壁温度,同时给定微燃烧室壁面的导热热阻(用壁厚除以材料导热系数得到的热阻)。外壁温度设定为环境温度 293 K,这样计算的传热损失是大于预测传热损失的,是传热损失最大的计算工况。

图 4-42 是活塞压缩初速度为 30 m/s 时,活塞压缩运行 2.3 ms,微燃烧室内均质混合气刚刚发生压燃时,在绝热和传热两种模型下气体的温度分布云图。在绝热模型下,微燃烧室内混合气体的最高温度为 2 287 K,最低温度为 2 286 K,温度分布几乎没有变化,云图上没有温度梯度。在传热模型下,微燃烧室内混合气体的最高温度为 2 275 K,最低温度为 2 253 K,温差为 22 K,说明传热因素对微燃烧室内混合气体的温度分布有一定的影响。从传热模型下温度分布云图中可以看出,越靠近微燃烧室壁面,气体温度越低,这也能间接证明传热模型的正确性。由于在微燃烧过程中传热损失带来的温降并不是很大,且活塞运动速度快,单次压缩着火周期仅 2.5 ms 左右,传热时间非常短,散热量比较小,传热损失对微自由活塞动力装置单次压缩燃烧过程的影响并不大。

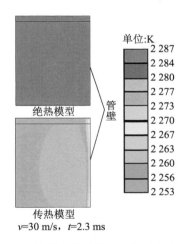

单位:K

绝热模型

传热模型

管壁

$v=30$ m/s, $t=2.3$ ms

图 4-42 绝热与传热模型下温度分布云图

图 4-43 是在绝热和传热模型下,活塞以不同的初始速度压缩气体时,得到的活塞速度变化曲线。在两种模型下,当活塞压缩初速度为 24 m/s 时,均质导体均能压缩着火,活塞返回末速度大于初速度。活塞压缩冲程中速度变化曲线相同,在膨胀冲程中,传热模型下活塞平均速度略低于绝热模型下的

活塞平均速度,但差别不大。当活塞压缩初速度为 23.9 m/s 时,两种计算模型下,均质混合气都未能压缩着火,传热模型下活塞平均速度要小于绝热模型下活塞的平均速度,且差别比较大。这说明壁面传热因素对微自由活塞动力装置启动过程会产生一定的影响,但对单次压缩着火过程的影响不大。

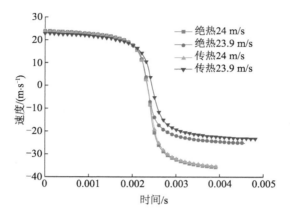

图 4-43　绝热与传热模型下活塞速度随时间的变化曲线

第5章 微自由活塞动力装置压燃着火条件

微自由活塞动力装置的启动主要通过电磁转换方式,使磁性活塞获得一定的压缩速度,压缩均质混合气使其温度上升到自燃点后,开始着火燃烧,推动自由活塞返回,从而开始循环工作。但在不同的燃烧室及其他参数条件下,自由活塞需要多大的能量才能使得均质混合气压缩燃烧,是微自由活塞动力装置启动装置设计中需要重点考虑的研究方向。自由活塞质量及获得的初速度决定了活塞压缩初动能的大小,进而决定了均质混合气的压缩程度,决定了均质混合气能否压燃,从而影响微动力装置的工作过程,自由活塞压缩初动能是一个重要的参数。本书通过研究自由活塞在不同的初动能条件下微压缩燃烧过程的变化情况,得出初动能对微动力装置工作过程的影响,以及临界压缩初动能的变化情况,为微动力装置启动条件的研究与装置设计提供更多的理论依据。

5.1 自由活塞初速度的影响

为了得到活塞压缩初速度对工作过程的影响,本书分别计算了活塞初速度为 16 m/s,17 m/s,17.2 m/s,17.4 m/s,18 m/s,20 m/s,25 m/s 时的微压缩燃烧过程。其中,微燃烧室直径为 3.0 mm,长度为 20 mm,自由活塞质量为 0.83 g,气体为甲烷,当量比为 0.5,均质混合气初始温度与初始压力分别为 300 K 和 0.101 MPa。

图 5-1 给出了在不同初速度条件下,自由活塞初速度对工作过程的影响。从速度变化图 5-1a 中可以看出,活塞初速度分别为 16 m/s 和 17 m/s 时,活塞膨胀返回时的末速度比初速度略小,说明均质混合气只进行了压缩与膨胀过程,未发生化学反应,均质混合气未能压缩着火。当初速度为 17.2 m/s 时,活塞返回的末速度比初速度略大,说明均质混合气在压缩膨胀过程中开始发生

化学反应,活塞初速度为临界压缩着火初速度。当活塞初速度增大至17.4 m/s时,活塞返回末速度明显比初速度大得多,说明均质混合气发生了压缩着火燃烧,随着活塞初速度的进一步增大,活塞返回时的末速度也不断增大。从图5-1b中可以得到,随着活塞初速度的不断增加,气体的压缩程度也不断提升,压缩比增大使得均质混合气压缩程度提升,内能增加,这是均质混合气着火自燃的原因。同时自由活塞压缩到微燃烧室底部所用的时间也在不断缩短,着火时刻不断提前,活塞完成单次冲程所用的时间也不断缩短。活塞初速度的增加使得均质混合气的燃烧更迅速,工作频率更高。

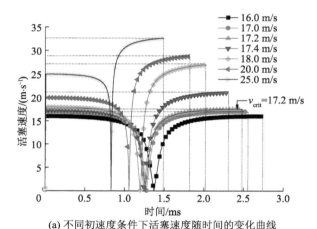

(a) 不同初速度条件下活塞速度随时间的变化曲线

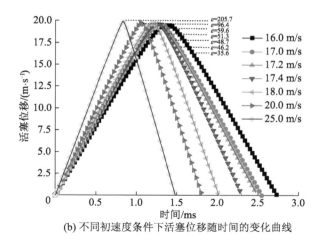

(b) 不同初速度条件下活塞位移随时间的变化曲线

图 5-1　自由活塞初速度对工作过程的影响

5.2　自由活塞质量的影响

图 5-2 为活塞质量对工作过程的影响。其中,活塞质量分别选择了 0.5 g, 0.83 g,1 g,活塞初速度都为 17.2 m/s,微燃烧室的直径与长度分别为 3 mm 和 20 mm,均质混合气当量比为 0.5,初始温度与初始压强分别为 300 K 和 0.101 MPa。

在上述研究中,当活塞质量为 0.83 g,活塞初速度为 17.2 m/s 时,均质混合气开始发生化学反应,即 17.2 m/s 为临界着火初速度。而当活塞质量减小为 0.5 g 时,活塞返回末速度比初速度略低,均质混合气没有发生化学反应;当活塞质量增大到 1 g 时,均质混合气发生完全燃烧,活塞返回末速度远比初速度大。这说明活塞质量也是影响均质混合气压缩燃烧过程的重要因素之一。在相同条件下,活塞质量的增加对均质混合气压缩着火之前的影响不大,但压缩比随着活塞质量的增加而增大,从图 5-2b 中可以看出,压缩比由 19.96 增大到 70.95,均质混合气从不能着火到临界着火再到完全燃烧,由于均质混合气压缩着火燃烧,活塞返回时获得化学反应能,返回速度增大,单次冲程时间最短,活塞质量的变化对均质混合气燃烧膨胀过程的影响较大。

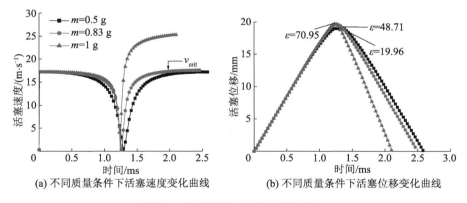

(a) 不同质量条件下活塞速度变化曲线　　　(b) 不同质量条件下活塞位移变化曲线

图 5-2　活塞质量对工作过程的影响

5.3　压缩着火临界初动能 E_{Kcrit} 的影响

通过以上分析得出,活塞初速度与质量均对均质混合气压缩燃烧过程产生很大的影响,当活塞质量为 0.83 g,临界着火初速度为 17.2 m/s,活塞质量减小至 0.5 g 时,临界着火初速度变大,为 22.2 m/s;活塞质量增大至 1 g 时,临界着火初速度下降至 15.7 m/s,临界着火初速度随活塞质量的增大而减小,而自由活塞初速度大于临界着火初速度时,均质混合气才能压缩着火燃烧。通过计算发现,虽然自由活塞在不同质量条件下,所需的临界着火初速度不一样,但速度与质量组成的活塞初动能值 E_K 是一样的,其中 $E_K = 0.5\ mv^2$。如图 5-3 所示,经过大量计算得出,微燃烧室的直径和长度分别为 3 mm 和 20 mm,均质混合气当量比为 0.5 时,当活塞获得 0.123 J 的初动能时,均质混合气开始发生化学反应,定义此初动能值为临界压缩着火初动能 E_{Kcrit}。当活塞初动能小于临界压缩着火初动能时,均质混合气无法压燃,只有当自由活塞获得的初动能大于临界压缩初动能值时才能完全压缩燃烧。

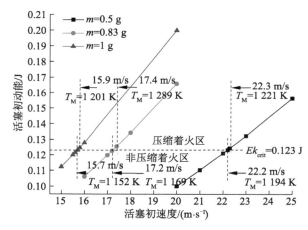

图 5-3　活塞临界初动能曲线图

5.4　微燃烧室几何参数对 E_{Kcrit} 的影响

临界压缩着火初动能是决定均质混合气能否压燃,微动力装置能否产生动力输出的重要参数,但临界压缩着火初动能会随着众多参数的变化而变化,特别是受微燃烧室几何尺寸参数的影响,这从图 5-4 中可以明显看出。在其他参数不变的情况下,本书分别选取直径为 3 mm,4 mm,5 mm,长度为 20 mm,30 mm,40 mm 的 9 种类型的微燃烧室进行了数值计算,燃料气体为甲烷,当量比为 0.5,均质混合气初始温度与初始压力分别为 300 K 和 0.1 MPa。图 5-4a~c 为在相同微燃烧室直径、不同长度条件下临界压缩着火初动能的变化。通过大量计算得出,当微燃烧室的长度为 20 mm 时,临界压缩着火初动能为 0.123 J;当微燃烧室的长度为 30 mm 时,临界压缩着火初动能为 0.176 J;当微燃烧室长度为 40 mm 时,临界压缩着火初动能为 0.229 J。显然在其他条件不变的情况下,临界压缩着火初动能是随着微燃烧室长度呈正比趋势变化的。分别比较图 5-4d 至图 5-4f 和图 5-4g 至图 5-4i 可知,临界压缩着火初动能随微燃烧室长度的变化趋势是相同的。比较图 5-4a、图 5-4d 和图 5-4g 发现,相同微燃烧室长度条件下,直径为 3 mm 时,临界压缩着火初动能为 0.123 J;直径为 4 mm 时,临界压缩着火初动能为 0.221 J;直径为 5 mm 时,临界压缩着火初动能为 0.344 J,临界压缩着火初动能与微燃烧室直径的平方成正比。比较图 5-4a 至图 5-4i 可以得出以下结论:临界压缩着火初动能与微燃烧室的体积大小成正比。如果定义 e_A 为可燃气体 A 与空气的混合气体单位体积燃料压缩着火所需的压缩能量,V 为微燃烧室体积,那么可以得到临界压缩着火初动能随微燃烧室几何尺寸变化的公式:

$$E_{Kcrit} = e_A V = \frac{e_A \pi d^2 L}{4} \tag{5-1}$$

式中:d 为微燃烧室直径;L 为微燃烧室长度。

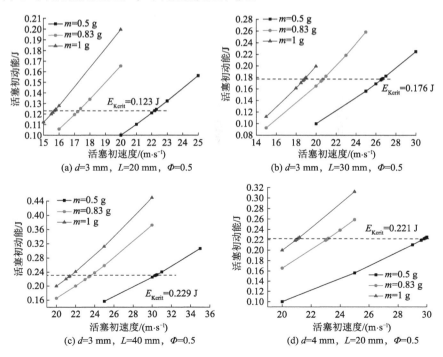

(a) d=3 mm, L=20 mm, Φ=0.5

(b) d=3 mm, L=30 mm, Φ=0.5

(c) d=3 mm, L=40 mm, Φ=0.5

(d) d=4 mm, L=20 mm, Φ=0.5

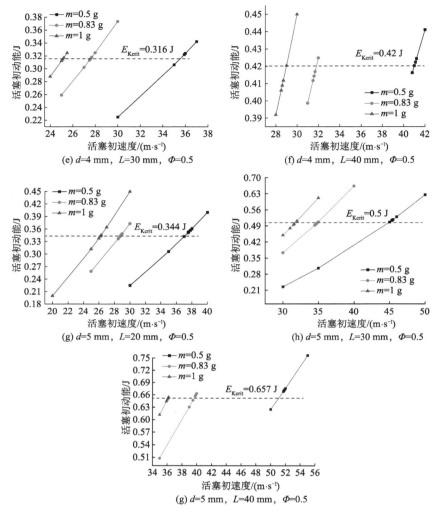

图 5-4　不同微燃烧室长度与 E_{Kcrit} 的关系曲线

5.5　均质混合气当量比对 E_{Kcrit} 的影响

在微自由活塞动力装置中,均质混合气进入微燃烧室完全靠自由活塞压缩做功,达到自燃点时才能着火燃烧,而不同的当量比条件下,均质混合气中可燃气体的质量分数有所不同,对临界着火条件会产生一定的影响。本书为了研究当量比对临界压缩着火初动能的影响,针对甲烷气体在不同当量比条件下进行了数值模拟计算。考虑到理论计算中当量比为 1.0 时,均质混合气可完全燃烧,燃烧效率最大,微动力装置不会选择过小或过大的当量比值进行工作,因此数值模拟只选择了 0.5、1.0 和 1.5 这 3 个典型的当量比值进行计算。

图 5-5 为在不同当量比条件下,临界压缩着火初动能与微燃烧室体积的关系曲线。

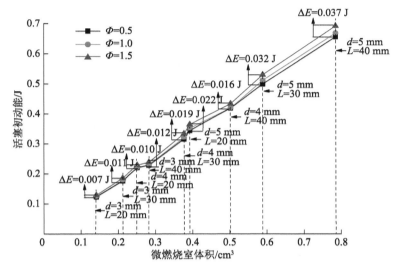

图 5-5　不同当量比条件下 E_{Kcrit} 的变化曲线

从图中可以看出,在其他条件不变的情况下,当量比增大时,临界初动能值也相应增大,且随着微燃烧室体积的增大,临界初动能值增量 ΔE 也逐渐增大,当微燃烧室体积为 0.143 cm³,当量比由 0.5 增大到 1.5 时,临界初动能值增加了 0.007 J,而当微燃烧室体积为 0.785 cm³,临界初动能值增加了 0.037 J。这主要是由于燃料浓度随着当量比的增加而增加,比热比增加,绝热指数减小,因此温升率下降,压缩着火时刻延迟。高浓度的均质混合气需要更多的能量才能压缩着火。从图中还可以看出,不同当量比下,临界初动能均与微燃烧室体积呈正比的趋势变化。通过最小二乘法得出,可燃气体采用甲烷气体,当量比为 0.5 时,公式(5-1)中 e_A 为 0.843 5 J/cm³;当量比为 1.0 时,e_A 为 0.860 8 J/cm³;当量比为 1.5 时,e_A 为 0.890 6 J/cm³。

5.6 泄漏间隙对 E_{Kcrit} 的影响

真实的微动力装置中,自由活塞与微燃烧室内壁面之间必定存在一定的泄漏间隙,为了研究泄漏间隙对临界压缩着火条件的影响,本书针对不同的泄漏间隙大小进行了相应的数值模拟,计算结果如图 5-6 所示。其中,微燃烧室直径为 3 mm,长度分别取 20 mm,30 mm 和 40 mm 三种类型,自由活塞质量分别取 0.5 g,0.83 g 和 1 g,可燃气体为甲烷,当量比为 0.5,均质混合气初始温度与初始压强分力为 300 K 和 0.101 MPa,泄漏间隙大小分别取 0 μm,2 μm,4 μm,6 μm 和 8 μm,其中泄漏间隙为 0 μm 时为无泄漏条件。

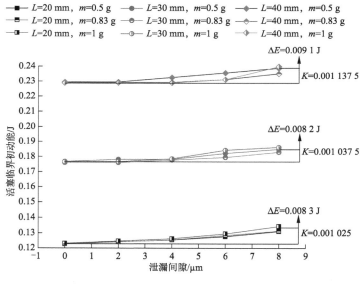

图 5-6 不同泄漏间隙条件下临界初动能的变化曲线

图中正方形、圆形及正菱形图标分别代表微燃烧室长度为 20 mm,30 mm 及 40 mm 条件下,临界初动能值随泄漏间隙大小的变化规律;实心图标代表活塞质量为 0.5 g,上半部分实心图标代表活塞质量为 0.83 g,右半部分实心图标代表活塞质量为 1 g。当活塞质量不同但泄漏间隙大小相同时,临界压缩着火初动能相同,随着泄漏间隙由 0 μm 增大到 8 μm 时,临界初动能稍微有所增加,但增加幅度不大。微燃烧室长度为 20 mm 时,临界初动能增加了 0.008 3 J;长度为 30 mm 时,临界初动能增加了 0.008 2 J;长度为 40 mm 时,临界初动能值增加了 0.009 1 J。不同微燃烧室长度条件下,临界初动能随泄漏间隙大小的变化规律是相同的,由于临界压缩着火初动能的增量不大,泄漏间隙对着火条件的影响不是很大,变化曲线近似为直线。微燃烧室长度为 20 mm 时,临界初动能随间隙大小的变化斜率 K 为 0.001 025;长度为 30 mm 时,临界初动能随间隙大小的变化斜率 K 为 0.001 037 5;长度为 40 mm 时,临界初动能随间隙大小的变化斜率 K 为 0.001 137 5。因此 K 值近似取值为 0.001,并对公式(5-1)进行了修正:

$$E_{Kcrit} = e_A V + k\delta_d = \frac{e_A \pi d^2 L}{4} + k\delta_d \tag{5-2}$$

式中:k 为泄漏间隙修正因子,通过统计计算得出 $k = 0.001$ J/μm;δ_d 为自由活塞与微燃烧室内壁面间隙,单位为 μm。

由于 $E_{Kcrit} = \dfrac{mv_{crit}^2}{2}$,结合公式(5-2)可得

$$v_{crit} = \sqrt{\frac{2(e_A V + k\delta_d)}{m}} \tag{5-3}$$

当微燃烧室几何尺寸与自由活塞质量确定时,便可得出自由活塞临界着火初速度的大小;同理,如果自由活塞临界着火初速度与质量大小确定时,便可计算出微燃烧室的体积大小,为微动力装置的设计及启动条件的计算提供一定的准则。

5.7 自由活塞质量与初速度取值原则

以上计算结果表明,当自由活塞初动能 E_K 大于临界初动能时,混合气便可以压燃,微动力装置便可实现冷启动过程。而自由活塞初动能的大小由活塞质量和初速度决定,活塞质量与初速度的大小直接决定了压缩比的大小,从而直接影响压缩着火过程。在微动力装置设计过程中当活塞初动能相同时,可以选择质量小而初速度大的活塞,亦可选择质量大而初速度小的活塞。为了研究相同条件下,不同活塞质量 m 与压缩初速度条件 v 产生的影响,计算方案选择了直径为 3 mm、长度为 30 mm 的微燃烧室,可燃气体为甲烷,当量比为 0.5,初始温度为 300 K,初始压力为大气压力。虽然活塞质量与初速度都不相同,但在计算过程中设置活塞质量与初速度时,组成的活塞初动能

值是相同的,具体参数如表 5-1 所示。

表 5-1 相同初动能条件下活塞质量与初速度值

m/g	$v/(m \cdot s^{-1})$	E_K/J	m/g	$v/(m \cdot s^{-1})$	E_K/J
0.5	26.804 9	0.18	0.5	27.574 2	0.190 125
0.75	21.946 7	0.18	0.75	22.519 9	0.190 125
1	19	0.18	1	19.5	0.190 125
1.25	16.979 6	0.18	1.25	17.442 2	0.190 125
1.5	15.471	0.18	1.5	15.920 3	0.190 125
1.75	14.343 5	0.18	1.75	14.740 8	0.190 125
2	13.41	0.18	2	13.787 4	0.190 125
0.5	28.281 2	0.2	0.5	29.695 2	0.220 5
0.75	23.097 2	0.2	0.75	24.252 1	0.220 5
1	19.6	0.2	1	21	0.220 5
1.25	17.889 4	0.2	1.25	18.784	0.220 5
1.5	16.328 5	0.2	1.5	17.144 9	0.220 5
1.75	15.118 8	0.2	1.75	15.874 7	0.220 5
2	14.140 9	0.2	2	14.847 9	0.220 5
0.5	35.351 3	0.312 5	0.5	42.421 6	0.45
0.75	28.871 5	0.312 5	0.75	34.645 8	0.45
1	25	0.312 5	1	30	0.45
1.25	22.361 9	0.312 5	1.25	26.834 2	0.45
1.5	20.410 6	0.312 5	1.5	24.492 7	0.45
1.75	18.898 5	0.312 5	1.75	22.678 2	0.45
2	17.676 2	0.312 5	2	21.211 4	0.45

表中参数的取值,首先根据活塞质量为 1 g 时,计算不同初速度条件下均质混合气临界压缩着火条件。初速度为 19 m/s 时均质气压缩未着火,当初速度为 19.5 m/s 时,均质混合气开始发生化学反应,当初速度增大到 19.6 m/s 时,均质混合气发生完全燃烧,随着活塞初速度的增大,均质混合气最大温度与压力值有所增加,但活塞动能增量变化幅度变小,输出性能趋于稳定。因此通过计算,为了代表不能压缩着火、临界压缩着火及完全压缩燃烧 3 种微燃烧过程,当活塞质量为 1 g 时,压缩初速度分别取值为 19 m/s,19.5 m/s,

19.6 m/s,21 m/s,25 m/s 和 30 m/s,得出活塞压缩初动能值分别为 0.18 J,
0.190 125 J,0.2 J,0.220 5 J,0.312 5 J 和 0.45 J。根据活塞压缩初动能值可
以反推算出不同活塞质量条件下,活塞压缩初速度的大小。

　　计算结果如图 5-7~图 5-9 所示,定义单次压缩燃烧过程结束时活塞的末
动能与活塞压缩初动能的差值为动能增量 ΔE,表征混合气体化学能转化为
机械能的性能参数。从图 5-7 中可以看出,当初动能值在 0.175~0.2 J 之间
时,活塞动能增量比较小,说明均质混合气并未发生完全燃烧;当初动能大于
0.2 J 之后,活塞动能增量趋于稳定;当自由活塞初动能值相同时,无论活塞质
量与初速度如何变化,均质混合气压缩燃烧所释放的能量基本相同,说明不
同活塞质量与初速度条件的组合,当初动能值相同时,对微动力装置动力输
出性能的影响不大。但从图 5-8 和图 5-9 中可以发现,在活塞初动能相同的
条件下,活塞质量越小,压缩初速度越大,混合气体最大压力和温度值越大,
特别是压力值变化的幅度比较大。在微动力装置设计过程中,活塞初动能值
的选取尽量以使得均质混合气刚刚着火为宜,太小可能导致气体无法压燃,
过大时混合气体压力与温度值剧增,工作工况粗暴,缩短微自由活塞动力装
置的使用寿命,且混合气压力值波动太大,导致微自由活塞动力装置循环工
作过程的不稳定。相同条件下,选择质量大、初速度小的活塞条件时,微自由
活塞动力装置的工作工况比较平稳,但工作频率比较低;选择质量小初速度
大的活塞条件时,微自由活塞动力装置的工作频率比较高,但微燃烧过程比
较粗暴,具体则需根据微自由活塞动力装置工作频率的要求进行选择。

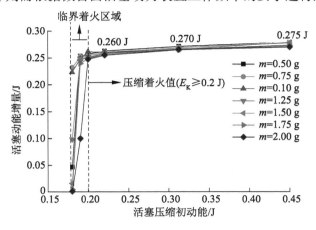

图 5-7　相同初动能条件下活塞动能增量与压缩初动能的关系曲线

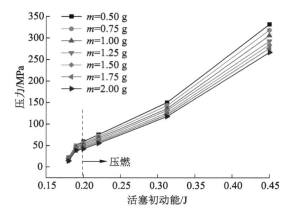

图 5-8   不同活塞质量下压力与活塞初动能的关系曲线

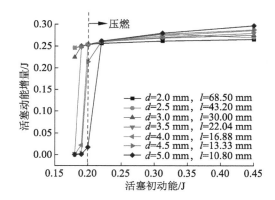

图 5-9   不同活塞质量下温度与活塞初动能的关系曲线

5.8   微燃烧室几何参数设计

在微动力装置的设计过程中,微燃烧室结构形状是重要的研究对象,设计过程中可以选择扁粗型微燃烧室,亦可选择细长型微燃烧室。本书为了研究不同形状燃烧室对微动力装置动力输出性能的影响,对微燃烧室直径与长度的设计准则进行了计算与分析。其中活塞质量为 1 g,可燃气体为甲烷,当量比为 0.5,初始温度为 300 K,初始压力为大气压力。为了消除燃料量对计算结果的影响,在微燃烧室直径与长度取值时,保持微燃烧室体积相同,即保证了燃料量相同。参考燃烧室模型直径为 $d = 3.0$ mm,长度为 $L = 30$ mm,因此微燃烧室体积约为 212 mm³。由燃烧室体积反向推算得出,当直径 $d =$

2.0 mm 时，长度 $L = 68.5$ mm；$d = 2.5$ mm，$L = 43.2$ mm；$d = 3.5$ mm，$L = 22.040\ 8$ mm；$d = 4.0$ mm，$L = 16.875$ mm；$d = 4.5$ mm，$L = 13.333$ mm；$d = 5.0$ mm，$L = 10.8$ mm。

　　计算结果如图 5-10 所示，当自由活塞压缩初动能值在 $0.175 \sim 0.2$ J 之间时，不同形状微燃烧室中混合气体均发生临界压缩着火。但当活塞初动能值为 0.2 J 时，直径为 5 mm，长度为 10.8 mm 的微燃烧室仅发生临界着火过程，而直径为 4 mm，长度为 16.875 mm 的微燃烧室内却已经发生完全压缩燃烧过程，所以微燃烧室的直径越大，长度越小，越不利于压缩着火的发生，微自由活塞动力装置相对需要稍大一点的初动能才能使混合气体压缩着火。但随着活塞压缩初动能的增加，均质混合气发生完全压缩燃烧后，直径大而长度小的微燃烧室所输出的能量更多，主要是因为扁粗型微燃烧室相比细长型燃烧室，其面容比小，且活塞膨胀返回时间较短，所以壁面散热损失较少。设计过程中如果选择小直径类型的微燃烧室，均质混合气压缩着火更加容易实现，但工作频率会降低；如果选择大直径的微燃烧室，均质混合气燃烧后释放的能量更多，但压燃要求更高。由 5.1 节中泄漏间隙对动能增量的影响结果可以得出，均质混合气刚刚能压缩燃烧时，工作过程最稳定，动能增量最大，因此活塞压缩初动能值的选择应接近临界压缩初动能值。由图 5-10 可知，当初动能值为 0.2 J，微燃烧室直径在 $4 \sim 5$ mm 之间时，均质混合气还不能完全压缩燃烧，直径在 $2 \sim 4$ mm 之间时，均质混合气体已经完全压缩燃烧，且不同直径条件下动能增量相差不大，因此在微自由活塞动力装置的设计过程中，应尽量选择细长型的微燃烧室，有利于微动力装置启动过程的进行。

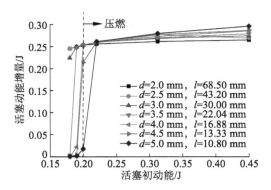

图 5-10　不同直径、长度条件下活塞动能增量与活塞初动能的关系曲线

第6章　微自由活塞动力装置着火燃烧界限拓展

在常规尺度的发动机或燃烧器中,通过壁面的散热损失对燃烧做功过程的影响几乎可以忽略不计。然而,对于微自由活塞动力装置而言,通过燃烧室壁面的散热损失会直接影响微发动机的运行稳定性。前面提到,由于微燃烧室尺度的大幅度减小,其面容比会显著增大(传统燃烧室的100~200倍),导致其相对散热面积显著增大,散热损失严重。散热损失大,微发动机的着火性能差,且容易发生失火与壁面淬熄等现象,这会使微发动机需要在更大的压缩比下才能稳定着火运行。然而,大的着火压缩比意味着微自由活塞需要具有更大的启动初速度,这会对微自由活塞动力装置的启动工作带来困难。另外,大的压缩比下燃烧过程剧烈,导致自由活塞的运动粗暴且难以控制,且微燃烧室内会出现高温高压环境,装置运行过程中可能会出现强烈振动现象,这必然又使微自由活塞装置的使用寿命和适用条件受到进一步的限制。此外,由于大的散热损失会减缓活塞压缩过程中燃烧室内温度的上升速率,导致稀燃条件下燃料难以发生高温反应,从而限制了微自由活塞的稀燃极限,间接促使大当量比燃烧下微燃烧室的高温高压环境,加剧上述问题。

为了拓宽微自由活塞动力装置的着火界限和稀燃极限,即拓展微自由活塞动力装置的着火燃烧界限,本章探讨了改变微自由活塞动力装置的燃料选取、混合气当量比和进气温度对其着火界限的拓展作用,同时研究了甲烷掺氢和进气预热两种方式对稀燃极限的拓展作用,目的是实现微发动机能够在更小的当量比下稳定运行。

6.1　压燃界限拓展

6.1.1　不同燃料的压燃界限

为了对比选取不同燃料时微自由活塞动力装置可燃条件的不同,数值模拟选取了目前在微动力装置上应用最为广泛的两种气体燃料——甲烷(CH_4)和二甲醚(C_2H_6O)。

由于不同燃料的化学反应动力学的不同,因此采用不同燃料的微自由活塞动力装置的性能表现不同。本书通过模拟相同条件下微自由活塞动力装置采用两种燃料时的燃烧过程,对比两种情况下微自由活塞动力装置的活塞速度、燃烧温度及运行过程中的燃料组分变化的差异,从而分析两种燃料下微自由活塞动力装置的着火性能。

图 6-1 和图 6-2 所示为燃烧室长径比为 2、活塞初始速度为 11 m/s 且当量比为 1.0 时两种燃料下微自由活塞动力装置的着火性能参数对比。计算结果显示,当采用 C_2H_6O 作为燃料时,微燃烧室内的均质混合气被压燃,活塞的返回初速度大于活塞初速度,为 22.3 m/s;C_2H_6O 着火后微燃烧室内的温度骤升,且冲程结束之后 C_2H_6O 组分消耗至零。当采用 CH_4 为燃料时,此条件下微燃烧室内的 CH_4/O_2 均质混合气并未被压燃,活塞压缩冲程结束之后活塞返回末速度未大于初速度,微燃烧室内的温度未出现骤升,且燃烧室内的 CH_4 燃料的质量分数未出现变化,计算结果表明此时的微燃烧室内未发生着火。

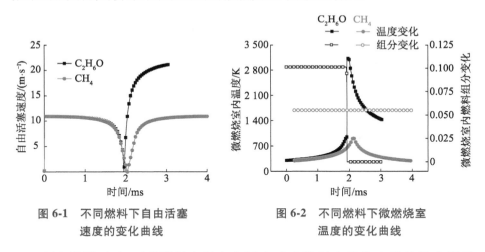

图 6-1　不同燃料下自由活塞　　　　图 6-2　不同燃料下微燃烧室
　　　　速度的变化曲线　　　　　　　　　　温度的变化曲线

研究结果显示,两种燃料在微自由活塞动力装置中的着火条件具有明显差异,这种差异主要由两种燃料各自属性的不同而造成的。C_2H_6O 燃料的十六烷值很高(55~60),比"国 V"标准规定柴油的十六烷值还要高 5~10,因此其压燃着火性能好,非常适合用于压燃式发动机上。相比于 CH_4,C_2H_6O 的着火点低,在活塞压缩混合气过程中,微燃烧室内的温度很容易达到 C_2H_6O 混合气的着火条件,所以采用 C_2H_6O 为燃料的微自由活塞动力装置的着火性能要优于采用 CH_4 为燃料时的情况。除此之外,C_2H_6O 的气态低热值为 66.5 MJ/m³,要优于气态低热值为 36.9 MJ/m³ 的 CH_4,这也是 C_2H_6O 会成为微型动力装置主流燃料的原因。

在微自由活塞动力装置中,压缩比大小是决定微燃烧室内混合气是否能够被压燃的评判标准,因此通过压缩比的大小可以判断微自由活塞动力装置是否能够实现着火。由于自由活塞动力装置的活塞不受曲柄连杆结构的限制,导致此类动力装置的压缩比不固定,压缩比的大小取决于自由活塞的运动规律。活塞的运动位移变化规律又受活塞初速度与气缸内燃烧特性的影响,因此活塞的初速度和微自由活塞动力装置的压缩比可以被看作判断微自由活塞动力装置能否着火的条件。由于微自由活塞动力装置在不同燃料下的着火条件不同,通过模拟两种燃料下微燃烧室均质混合气的临界着火情况,得出每种燃料下的临界着火所需活塞初速度和压缩比。

图 6-3 和图 6-4 所示为两种燃料的着火界限对比,在长径比为 2,4,6,8,10 时,选用 CH_4 作为燃料时微自由活塞动力装置的活塞临界着火初速度分别为 12.9 m/s,12.6 m/s,12.4 m/s,12.3 m/s,12.2 m/s,临界着火压缩比分别为 67.2,59.1,56.3,52.3,49.9;选用 C_2H_6O 作为燃料时微自由活塞动力装置的活塞临界着火初速度分别为 10.6 m/s,10.3 m/s,10.1 m/s,10.0 m/s,9.9 m/s,临界着火压缩比分别为 29.1,26.2,23.5,22.1,21.5。通过对比可以明显地看出,在微自由活塞动力装置中,C_2H_6O 的着火界限要远宽于 CH_4。

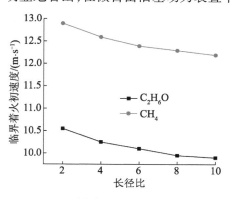

图 6-3　两种燃料下的临界着火初速度

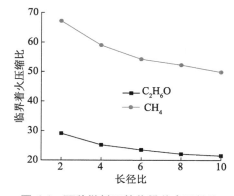

图 6-4　两种燃料下的临界着火压缩比

为了更加直观地看出燃料的选用对微自由活塞动力装置运行压缩比范

围的影响,参照明尼苏达大学 Aichlmayr 等的方法,采用压缩比与长径比来定义微自由活塞动力装置的运行范围[37-40]。根据两种燃料在各个微燃烧室长径比下的临界着火条件,绘制出如图 6-5 所示的微自由活塞动力装置的运行压缩比范围。从图 6-5 中可以明显看出,在两种燃料中采用 C_2H_6O 作为燃料时,微自由活塞动力装置的运行压缩比范围更宽。

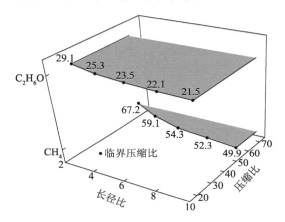

图 6-5　两种燃料下微自由活塞动力装置的运行压缩比范围

6.1.2　当量比对压燃界限的影响

前面对比了 CH_4 和 C_2H_6O 在微自由活塞动力装置中的着火性能,研究结果说明 C_2H_6O 燃料更加适合应用在微自由活塞动力装置上。本节以 C_2H_6O 为微自由活塞动力装置燃料,研究在不同进气当量比下微自由活塞动力装置的着火性能,并探究在 HCCI 燃烧方式下,小当量比下的稀薄燃烧对微自由活塞动力装置的临界着火界限的影响。

为了探究不同当量比下微自由活塞动力装置的着火性能,模拟计算了不同当量比下微自由活塞动力装置的运行情况。图 6-6、图 6-7 分别为长径比为 8(2.2 mm×16.5 mm)、初始温度为 300 K、活塞初速度为 9.6 m/s 时不同当量比下微燃烧室内 C_2H_6O 组分变化与活塞速度变化曲线。计算结果显示,5 种当量比下,自由活塞压缩混合气膨胀返回后末速度分别为 9.5 m/s,12.9 m/s,14.6 m/s,10.0 m/s,9.5 m/s,对应的混合气当量比为 0.2,0.4,0.6,0.8,1.0。在当量比为 1.0 时,微燃烧室内的 C_2H_6O 质量分数并未减少,且自由活塞的末速度较初速度并未出现增长,表明此时 C_2H_6O/O_2 均质混合气并未被压燃。在当量比为 0.8 时,微燃烧室内的混合气出现了临界着火现象,C_2H_6O 质量分数由 0.082 73 减小至 0.067 32。由于 C_2H_6O 的未完全消耗,着火后活塞返回的末速度较初速度增幅不明显。在当量比为 0.6 和 0.4 时,微燃烧室内的均质混合气约在 2.5 ms 时刻着火,C_2H_6O 燃料在着火后完全燃烧,燃料燃烧后释放的化学能推动活塞返回,活塞返回的末速度较初速度出现明显增幅。

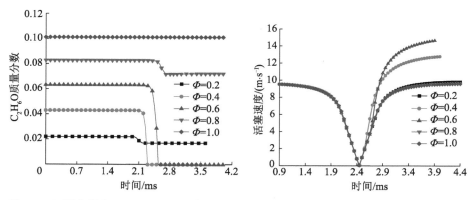

图 6-6　不同当量比下 C_2H_6O 组分变化曲线　图 6-7　不同当量比下活塞速度变化曲线

　　计算结果显示,在当量比 $\Phi=0.4,0.6,0.8,1.0$ 时,随着当量比的减小,微自由活塞动力装置内 C_2H_6O/O_2 均质混合气在小的当量比下更易被压燃。分析认为,在均质混合气中,C_2H_6O 的比热容相对于空气要大,因此随着当量比的减小,C_2H_6O 燃料占比减小,混合气的平均热容减小。低热容的均质混合气在活塞压缩过程中温度会上升得很快,故而小的当量比下微动力装置更加容易着火。

　　为了验证以上分析,本节又模拟计算了不同当量比下的 C_2H_6O/O_2 均质混合气在相同条件时压缩温度的变化,计算结果如图 6-8 所示。从图 6-8 中可以看出,活塞压缩过程中微燃烧室内的温度变化随当量比的不同呈现出不同的趋势,在小的当量比 $\Phi=0.4,0.6$ 时,由于均质混合气热容相对较小,在活塞压缩过程中微燃烧室内的温度上升得很快,因此在这两种当量比下微自由活塞动力装置实现了着火。在当量比 $\Phi=0.8,1.0$ 时,微燃烧室内的温度在压缩过程中上升趋势缓慢,最终在压缩行程结束时也未能实现着火。对 4 种当量比下的压缩温度变化趋势分析后可以得出,在一定范围内,随着 C_2H_6O/O_2 均质混合气当量比的减小,混合气平均热容减小,压缩过程中微燃烧室内的温度相对上升得越快。

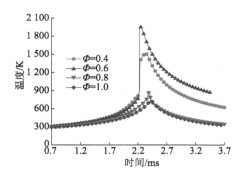

图 6-8　不同当量比下微燃烧室内温度的变化曲线

研究结果表明,混合气当量比的大小在一定程度上也能影响微自由活塞动力装置的着火性能,在一定范围内减小混合气当量比有利于微自由活塞动力装置的着火,能够提高微自由活塞动力装置的着火性能。

前面提到,微自由活塞动力装置着火所对应的活塞压缩初速度和压缩比可以作为微自由活塞动力装置的着火界限指标。减小微自由活塞动力装置的临界着火速度和临界着火压缩比,能够使其在更广的活塞初速度和压缩比范围内实现着火运行。如图 6-9 和图 6-10 所示,随着当量比由 1.0 减小到 0.4,微自由活塞动力装置临界着火所需的初速度和压缩比不断减小。以长径比 2 为例,当混合气当量比为 1.0 时,微自由活塞动力装置着火临界初速度为 10.55 m/s,临界压缩比为 29.1;随着当量比的减小,在当量比为 0.4 时,此时的微自由活塞动力装置着火临界初速度减小至 10.05 m/s,临界压缩比减小至 21.2。当量比减小到一定值时,过稀的混合气会显著降低化学反应速率,使得化学反应难以朝着高温方向进行,例如在当量比为 0.2 时,微自由活塞动力装置的临界着火活塞初速度和压缩比均有所增大。

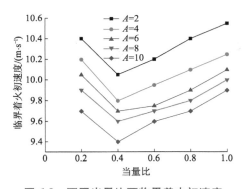

图 6-9　不同当量比下临界着火初速度

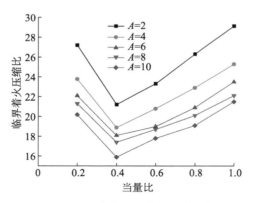

图 6-10　不同当量比下临界着火压缩比

　　图 6-11 为不同当量比下微自由活塞动力装置的运行范围。由图 6-11 可知,在一定当量比范围内,随着当量比的减小,微自由活塞动力装置的运行范围也随之拓宽。

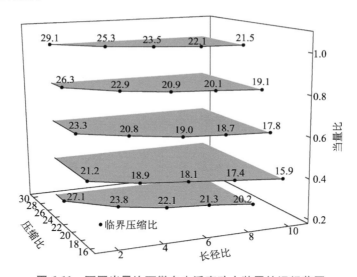

图 6-11　不同当量比下微自由活塞动力装置的运行范围

　　减小混合气当量比对微自由活塞动力装置运行范围的拓展作用如下:当混合气当量比由 1.0 减小至 0.4,在长径比为 2 时,微自由活塞动力装置可运行时临界压缩比由 29.1 减小至 21.2,可稳定运行的压缩比范围拓宽 27%;在长径比为 4 时,微自由活塞动力装置可运行时临界压缩比由 26.3 减小至 18.9,可稳定运行的压缩比范围拓宽 25%;在长径比为 6 时,微自由活塞动力装置可运行时临界压缩比由 23.5 减小至 18.1,可稳定运行的压缩比范围拓宽 23%;在长径比为 8 时,微自由活塞动力装置可运行时临界压缩比由 22.1 减小至 17.4,可稳定运行的压缩比范围拓宽 21%;在长径比为 10 时,微自由活塞动力装置可运行时临界压缩比由 21.5 减小至 16.4,可稳定运行的压缩比范围拓宽 24%。同时,由于过稀的混合气不易发生高温反应,在当量比为 0.2 时,微自由活塞动力装置可运行压缩比范围会出现缩小情况。

6.1.3 进气温度对压燃界限的影响

混合气初始温度是影响化学反应速率的主要因素之一,而 HCCI 燃烧过程主要受化学反应动力学的控制,因此对于微型 HCCI 自由活塞动力装置而言,改变微装置的初始进气温度会对微燃烧室内的燃烧过程产生一定的影响。本节从改变进气温度的角度出发,探究不同初始进气温度对微自由活塞动力装置着火界限的拓展作用,具体通过观察不同进气温度下微燃烧室内的燃烧过程,分析提高进气温度时微装置的临界着火活塞初速度和临界着火压缩比的变化,并通过绘制不同初始进气温度的运行范围图,更加直观地展现初始温度对微自由活塞动力装置的可运行范围的影响。

为了探究不同 C_2H_6O/O_2 均质混合气的初始温度对微自由活塞动力装置的运行范围的影响,本书模拟计算了 3 种混合气初始温度($T_0 = 300$ K,350 K,400 K)下微自由活塞动力装置的运行情况。图 6-12 和图 6-13 所示分别为长径比为 8(2.2 mm×16.5 mm)、当量比为 1.0、活塞初速度为 8.0 m/s 时不同混合气初始温度下微燃烧室内燃烧温度、活塞速度及 C_2H_6O 组分的变化曲线。

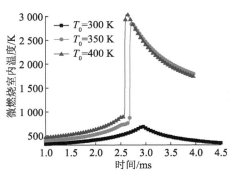

图 6-12 不同初温下微燃烧室内的温度变化曲线

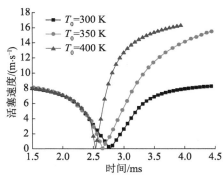

图 6-13 不同初温下活塞速度随时间的变化曲线

计算结果显示,在相同初速度,混合气初始温度分别为 300 K,350 K,

400 K 下,自由活塞压缩混合气膨胀返回后末速度分别为 7.9 m/s,16.8 m/s,16.2 m/s。在进气温度为 300 K 时,微燃烧室内的温度未发生发生骤升,自由活塞的末速度较初速度并未出现正增长变化,表明微自由活塞动力装置未发生着火。在初始温度为 350 K 和 400 K 时,在活塞压缩过程中微燃烧室内的温度在 2.5 ms 左右发生骤升,活塞的返回末速度较压缩初速度出现较大增幅,表明此时微自由活塞动力装置内已发生着火。研究结果表明,提高微型 HCCI 自由活塞动力装置的进气温度能够有效地提高装置的着火性能。

通过燃料的消耗曲线可以近似地判断出微燃烧室内 C_2H_6O/O_2 均质混合气的着火时刻。如图 6-14 所示,在进气初温为 300 K 时,C_2H_6O 在整个活塞压缩过程中未出现消耗,说明微燃烧室内着火未发生。在进气初温为 350 K 和 400 K 时,微燃烧室内的均质混合气分别在 2.57 ms 和 2.64 ms 时刻相继着火。计算结果显示不同进气温度下的微自由活塞动力装置着火时刻呈现较大的差异,这是由于进气温度是影响化学反应速率的重要因素,进气初温的提高能够提升各个阶段的反应速率,从而使得均质混合气着火时刻提前。实际上,改变进气温度是控制 HCCI 燃烧着火时刻的一种方式,由于 HCCI 燃烧主要受化学反应动力学控制,优化进气化学反应动力学属性就能间接控制微自由活塞动力装置的燃烧过程和着火时刻。因此,随着初始进气温度的提高,微自由活塞动力装置的着火时刻提前。对于微型 HCCI 自由活塞动力装置而言,装置着火时刻的提前不仅意味着压燃条件降低,其还有助于减小装置的压缩比,提高微自由活塞动力装置运行时的平稳性。

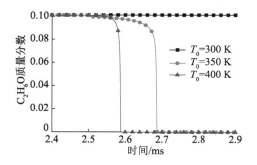

图 6-14 不同初温下 C_2H_6O 的消耗曲线

同样,这里也采用微自由活塞动力装置的临界着火初速度和临界着火压缩比来定义微自由活塞动力装置的着火条件。由于微自由活塞动力装置在不同混合气初始温度下的着火条件不同,通过模拟不同温度时微燃烧室均质混合气的临界着火情况可得出在不同长径比和不同混合气初温时的临界着火所需初速度和压缩比。如图 6-15 和图 6-16 所示,随着初始进气温度由 300 K 增大到 400 K,微自由活塞动力装置临界着火所需的初速度和压缩比不断减小。以长径比 2 为例,当混合气初始温度为 300 K 时,微自由活塞动力装置的着火临界初速度为 10.55 m/s,临界压缩比为 29.1;随着混合气初始温度的降低,在混合气初始温度为 400 K 时,微自由活塞动力装置的着火临界初速度减小至 8.4 m/s,临界压缩比减小至 11.1。

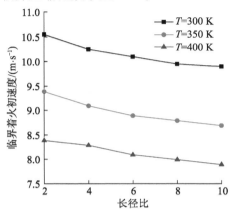

图 6-15　不同初始温度下临界着火初速度与长径比的关系曲线

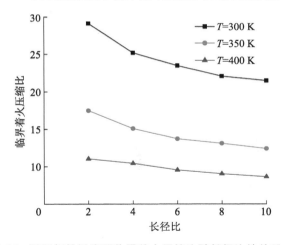

图 6-16　不同初始温度下临界着火压缩比随长径比的关系曲线

图 6-17 为不同当量比下微自由活塞动力装置的运行范围。随着 C_2H_6O/O_2 均质混合气初始温度的升高,微自由活塞动力装置的运行范围也随之拓宽。

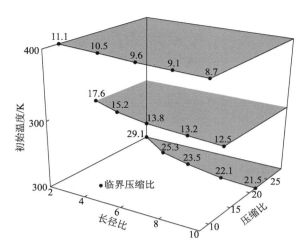

图 6-17　不同当量比下微自由活塞动力装置的运行范围

提高初始温度对微自由活塞动力装置运行范围的拓展作用如下：当进气温度由 300 K 升高至 400 K 时，在长径比为 2 时，微自由活塞动力装置可运行时临界压缩比由 29.1 减小至 11.1，可稳定运行的压缩比范围拓宽 62%；在长径比为 4 时，微自由活塞动力装置可运行时临界压缩比由 26.3 减小至 10.5，可稳定运行的压缩比范围拓宽 58%；在长径比为 6 时，微自由活塞动力装置可运行时临界压缩比由 23.5 减小至 10.5，可稳定运行的压缩比范围拓宽 55%；在长径比为 8 时，微自由活塞动力装置可运行时临界压缩比由 22.1 减小至 9.1，可稳定运行的压缩比范围拓宽 59%；在长径比为 10 时，微自由活塞动力装置可运行时临界压缩比由 21.5 减小至 8.7，可稳定运行的压缩比范围拓宽 60%。

6.1.4　催化燃烧对压燃界限的影响

催化燃烧能够降低反应所需的活化能，从而降低微自由活塞动力装置的着火条件。本节选用金属 Pt 作为催化剂，将燃烧室地面设定为催化剂涂层面，微自由活塞动力装置燃料选用 CH_4。CH_4 在 Pt 表面发生的催化反应见附表 1，其中包含 24 个化学反应，11 种表面组分及 7 种气体组分。

有研究表明，在贫燃（燃气与氧气混合当量比较小）条件下，均相反应会被催化剂所抑制，对于贫燃混合物，有催化剂的极限燃料浓度实际上比没有催化剂的要高。因此本书选择富燃条件，即燃气甲烷与氧气的混合当量比为 1。

由于气相反应与催化反应之间的相互作用，催化情况压缩着火时刻较难判断，本书给出了催化情况开始着火时段的定义方式。根据 Westbrook 提出的方法,任何碳氢燃料过氧化氢(H_2O_2)质量分数达到最大值的时刻可以作为碳氢燃料的着火点。图 6-18 为长径比为 10 且自由活塞初速度为 11.3 m/s 时,H_2O_2 质量分数随时间的变化。从图中可以看出,催化条件下 H_2O_2 质量分数达到最大值附近,其值很不稳定,具体着火时刻难以判断。因此本书定义 H_2O_2 浓度开始快速增大及开始快速减小所包含的时间段 t_z 为微自由活塞动力装置开始着火时段,本书认为催化燃烧着火时刻在 t_z 时间段内。

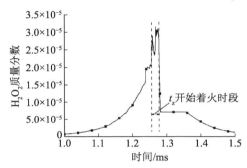

图 6-18　催化条件下 H_2O_2 质量分数随时间的变化曲线($v_0 = 16$ m/s)

图 6-19 为自由活塞初速度为 11.3 m/s、长径比为 10(2.0 mm×20.0 mm)时,微自由活塞动力装置内有催化剂及无催化剂两种情况下 CH_4 的质量分数与温度分布云图。

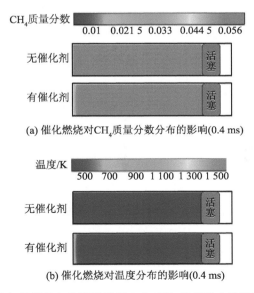

图 6-19　催化与无催化条件下微燃烧室内 CH_4 的质量分数及温度分布云图

图中可以看出在当活塞压缩进行到 0.4 ms(压缩行程初始状态)的情况下,无催化剂涂层的微燃烧室 CH_4 的质量分数及燃烧室内温度场变化并不明显。而在微燃烧室底部涂有 Pt 催化剂的情况下,图 6-19a,b 中都可以看出压缩行程进行至 0.4 ms 时,微燃烧室底面发生了催化反应,此时微燃烧室底面 CH_4 的质量分数明显减小,且微燃烧室底面处温度明显升高。计算结果充分说明了微燃烧室底面 Pt 催化剂涂层起了催化作用。

图 6-20 给出了与图 6-19 相同条件下无催化剂与有催化剂两种情况下 CH_4 质量分数变化及温度变化曲线。从甲烷质量分数变化曲线可以看出,在无催化剂的情况下甲烷气体最终并没有发生反应。而在有催化剂的情况下,活塞压缩至 1 ms 左右时,甲烷气体开始消耗,最终基本全部消耗。温度变化曲线可以看出,有催化剂的情况,由于气体压缩着火,最高温度可达 3 180 K 左右;无催化剂的情况,气体并没有压缩着火,最高温度在 1 143 K 左右。催化作用可以使得一些无催化情况下不能压缩着火的工况可以压缩着火。计算结果充分说明催化作用可以降低微自由活塞动力装置的着火条件,提高其着火性能。

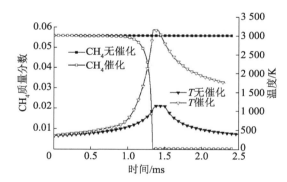

图 6-20 甲烷质量分数、温度变化曲线($v_0 = 11.3$ m/s)

由于微自由活塞动力装置在有无催化剂条件下的着火条件不同,通过模拟不同条件下微燃烧室均质混合气的临界着火情况,得出不同长径比时在有无催化条件下的临界着火所需初速度和压缩比。如图 6-21 所示,相对于无催化条件,在催化条件下,微自由活塞动力装置的临界着火初速度和临界着火压缩比都大大减小。以长径比 2 为例,无催化条件下,微自由活塞动力装置的着火临界初速度为 12.9 m/s,临界压缩比为 67.2;通过在微燃烧室底部添加催化剂涂层,微自由活塞动力装置的着火临界初速度减小至 11.1 m/s,临界压缩比减小至 43.7。

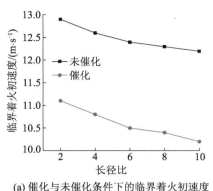
(a) 催化与未催化条件下的临界着火初速度

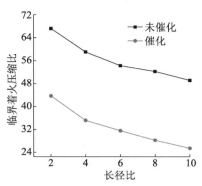
(b) 催化与未催化条件下的临界着火压缩比

图 6-21 催化与未催化条件下微自由活塞动力装置的着火界限

图 6-22 为催化与非催化条件下微自由活塞动力装置的运行范围。相比于微燃烧室地面未涂催化剂,在催化条件下,当长径比为 2 时,微自由活塞动力装置可运行时临界压缩比由 67.2 减小至 43.7;当长径比为 4 时,微自由活塞动力装置可运行时临界压缩比由 59.1 减小至 36.2;当长径比为 6 时,微自由活塞动力装置可运行时临界压缩比由 56.3 减小低至 31.6;长径比为 8 时,微自由活塞动力装置可运行时临界压缩比由 52.3 减小至 28.3;当长径比为 10 时,微自由活塞动力装置可运行时临界压缩比由 49.2 减小至 26.5。催化剂的使用使得微自由活塞动力装置可运行压缩比范围大大拓宽。

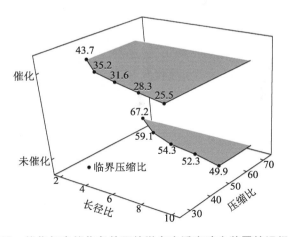

图 6-22 催化与未催化条件下的微自由活塞动力装置的运行范围

6.2 稀燃极限拓展

根据燃烧学基础理论可知,稀燃条件下,燃料的质量分数减小,燃烧过程中的化学反应速率降低,从而能够避免爆燃现象的发生。同时,稀燃条件下,混合气中燃料含量减少,混合气着火后释放能量减少,微燃烧室内的温度、压力峰值降低。因此减小混合气的当量比能够起到很好的低温及低压燃烧效果。基于以上理论,目前大多数微型燃烧器上都采用了小当量比燃烧方式。本章旨在通过数值模拟研究燃料掺氢与预热进气方式对微自由活塞动力装置稀燃极限当量比的拓展作用,为实现微自由活塞动力装置在更小当量比下实现低温燃烧和稳定运行提供理论指导。

6.2.1 掺氢对稀燃极限的拓展

为了分析掺氢对微自由活塞动力装置可燃极限的影响,数值模拟选取的当量比分别为 0.1,0.2,0.3,0.4。若自由活塞的初速度设置为 12.2 m/s,在该速度时微自由活塞动力装置在小当量比($\Phi=0.1,0.2,0.3$)下难以着火或不能实现完全燃烧。图 6-23 为当量比为 0.2 时不同掺氢比下微燃烧室内 CH_4 的质量分数随时间的变化曲线,通过压缩过程中微燃烧室内的燃料消耗情况可以判断均质混合气是否被压燃。从图中可以看出,相同条件下,未掺氢时微自由活塞动力装置内甲烷质量分数未出现明显变化,此时装置内混合气未被压燃。在掺氢的作用下,当掺氢比为 0.1 和 0.2 时,微燃烧室内的 CH_4 质量分数均出现一定程度的减小,此时微燃烧室内的均质混合气已被点燃,但未实现完全燃烧。当掺氢比为 0.3 时,微燃烧室内的 CH_4 在装置压缩终了时消耗至 0,表明该条件下装置发生稳定着火并实现充分燃烧。

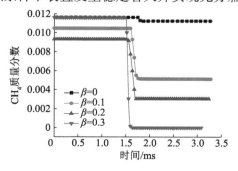

图 6-23 微燃烧室内甲烷的质量分数随时间的变化曲线($\Phi=0.2$)

图 6-24 为当量比为 0.2 时不同掺氢比下微自由活塞动力装置的活塞速度变化曲线。单从活塞在行程前后的速度增速来看,当压缩结束后的活塞末速度大于活塞的初始速度,表明微自由活塞动力装置在运行期间,微燃烧室内的工质对活塞做正功,因此通过这种方法也可以侧面判断微燃烧室内是否发生着火。根据计算结果可以看出,在未掺氢时,活塞的返回末速度为 12.1 m/s,较活塞初速度($v_0 = 12.2$ m/s)略有减小,表明燃烧室内均质混合气未发生着火现象,且由于计算模型中考虑燃烧室壁面的散热损失,因此在未着火的情况下,活塞返回速度较初速度会出现小幅减小。在掺氢比 $\beta = 0.1$,0.2 时,结合图 6-23 可知,微燃烧室内燃料出现消耗,而活塞返回末速度稍大于初速度。当掺氢比 $\beta = 0.3$ 时,微燃烧室内的甲烷全部消耗,实现完全燃烧,且活塞的返回末速度为 16.1 m/s,较初速度有了明显的提升。

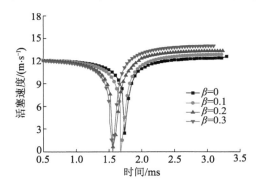

图 6-24　掺氢条件下微自由活塞动力装置活塞速度曲线($\Phi = 0.2$)

图 6-25 为当量比为 0.2 时不同掺氢比下微自由活塞动力装置的活塞位移变化曲线。

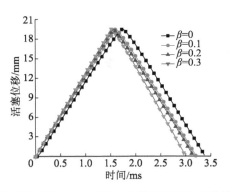

图 6-25　掺氢条件下微自由活塞动力装置活塞位移曲线($\Phi = 0.2$)

从图 6-25 中可以明显看出,在未掺氢和掺氢两种情况下,在压缩和膨胀过程中,活塞位移曲线的斜率也存在着区别,在掺氢情况下,由于氢气的燃烧速度快,火焰传播速度快,混合燃料的着火延迟期缩短,因此微燃烧室内的均质混合气着火时刻提前,活塞的压缩冲程的位移曲线斜率增大。随着掺氢比的增加,微燃烧室内的甲烷消耗量增多,燃烧释放的热量增多,因此在压缩终了后活塞端面受到的压强增大,致使膨胀冲程的位移曲线斜率也随之增大。

图 6-26 为不同掺氢比下微燃烧室内的温度变化曲线。从图中可以明显看出,在未掺氢情况下,微燃烧室内未发生温度骤升,甲烷没有出现消耗;在掺氢的作用下,微燃烧室内的均质混合气被压燃,燃烧室内的温度峰值较未掺氢时明显增大;随着掺氢比的增大,微燃烧室内的燃料消耗量增多,燃烧释放热增多,温度峰值随之提高。

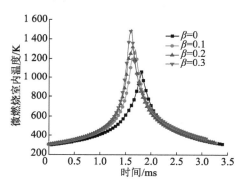

图 6-26 不同掺氢比下微燃烧室内温度变化曲线($\Phi = 0.2$)

通过数值计算发现,在自由活塞初速度 $v_0 = 12.2$ m/s、当量比 $\Phi = 0.2$ 时,未掺氢时微燃烧室内均质混合气未被压燃;在掺氢比 $\beta = 0.3$ 时,微燃烧室内均质混合气能够实现完全燃烧。研究表明,甲烷掺氢能够拓宽微自由活塞动力装置的稀燃极限当量比范围。分析认为:首先,由于氢气的稀燃极限宽,其能够在很小的当量比下实现稳定燃烧,通过在甲烷燃料中掺混氢气,从而使得掺混燃料在微自由活塞动力装置压燃过程中的稀燃极限拓宽;其次,小的当量比下燃料的浓度小,反应时分子之间的碰撞概率会显著减小,从而使得燃烧过程中的化学反应速率大大降低,反应难以稳定进行。由于氢气的燃烧速率快,通过掺氢的方式能够很好地缓解这一问题,继而能够改善微自由活塞动力装置稀燃条件下的着火性能;另外,氢气的火焰传播速度快,是天然气火焰传播速度的 8 倍,在甲烷中掺混氢气有利于提高混合燃料的火焰传播速度,结合 HCCI 的燃烧方式,使得微自由活塞动力装置更加接近"无火焰传播"的燃烧过程,从而能够改善微燃烧室内可能会出现失火和焠熄等问题。通过以上三方面的作用,掺氢能够使微自由活塞动力装置稀燃极限拓宽,从而实现微自由活塞动力装置能够在更小的当量比下运行。

掺氢对微自由活塞动力装置的稀燃极限的拓展作用主要体现其能够拓宽在某一活塞初速度下的可燃当量比范围,图 6-27 所示为甲烷掺氢对临界着火初速度的影响,这里的临界着火初速度指的是微自由活塞动力装置实现完全燃烧时对应的最小活塞初速度。以 $v_0 = 12.2$ m/s 为例,在未掺氢气($\beta = 0$)时微自由活塞动力装置只能在 $\Phi = 0.4$ 实现完全燃烧;当掺氢比 $\beta = 0.1$ 时,微自由活塞动力装置的可燃当量比范围并没有拓宽,但由于掺氢燃烧的作用,微自由活塞动力装置在各个当量比下的临界着火初速度均有所减小;当掺氢比 $\beta = 0.2$ 时,微自由活塞动力装置的可燃当量比范围拓宽至 0.3~0.5;当掺氢比 $\beta = 0.3$,微自由活塞动力装置可以实现当量比在 0.2~0.5 范围内完全燃烧。计算结果还显示出 $\Phi = 0.4$ 是微自由活塞动力装置临界着火初速度变化趋势的拐点,即当量比在 0.2~0.4 范围内,微自由活塞动力装置的临界着火初速度随着当量比的减小而增大,但是这种规律在 $\Phi > 0.4$ 时呈现相反的趋势。这种现象遵循上节研究得出的结论,即在一定范围内减小当量比可以提升微自由活塞动力装置的着火性能,但在当量比过小时,过稀的燃料浓度会抑制活塞压缩过程中的化学反应速率,使得燃烧反应不易朝高温方向进行。

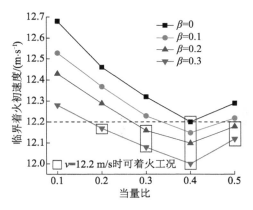

图 6-27　不同掺氢比例下临界着火初速度随当量比的变化

图 6-28 为不同掺氢比下微自由活塞动力装置在活塞初速度 $v_0 = 12.2$ m/s 时的可运行当量比下限范围。微自由活塞动力装置的"可运行当量比"定义

为均质混合气在该当量比下能够完全压燃。

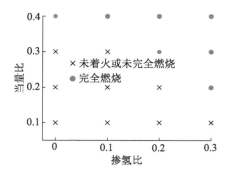

图 6-28　不同掺氢比例下微自由活塞动力装置的稀燃极限（$v_0 = 12.2$ m/s）

如图 6-28 所示，在未掺氢条件下，微燃烧室内均质混合气完全燃烧所需当量比为 0.4，通过掺氢 $\beta = 0.3$，微自由活塞动力装置内实现完全燃烧的极限当量比可拓宽至 0.2。结果说明掺氢对微自由活塞动力装置稀燃界限能够起到拓宽作用。

6.2.2　预热对稀燃极限的拓展

选取直径为 2 mm、长度为 20 mm 的燃烧室为研究对象，为了分析进气预热对微自由活塞动力装置可燃极限当量比的影响，数值模拟选取的当量比分别为 0.1，0.2，0.3，0.4。自由活塞初速度设置为 12.2 m/s，无进气预热作用，微自由活塞在小当量比（$\varPhi = 0.1, 0.2, 0.3$）下难以着火或不能实现完全燃烧，这样以便于分析进气预热对拓展稀燃极限的效果。由于当量比 $\varPhi = 0.1$ 时燃料过于稀薄，加上微燃烧室的面容比大导致散热损失高的特点，此时微燃烧室内的均质混合气难以被压燃。从图 6-29 中 CH_4 质量分数的变化曲线来看，在无预热温度下（$T_0 = 300$ K），微燃烧室内的均质混合气未被压燃，混合气 CH_4 的质量分数在活塞压缩过程中未出现消耗。在预热温度 $T_0 = 320$ K，340 K 时，微燃烧室内的 CH_4 出现了部分消耗，表明此时混合气被压燃，但未实现完全燃烧。值得注意的是，当预热温度 $T_0 = 360$ K，微燃烧室内的 CH_4 消耗至零，表明此时微燃烧室内的均质混合气被压燃且完全燃烧。

图 6-30 为当量比为 0.2 时不同预热温度下微燃烧室内 CH_4 质量分数的变化曲线。相对于当量比 $\varPhi = 0.1$ 的情况，当量比 $\varPhi = 0.2$ 时且无预热作用下，微燃烧室内的均质混合气能够被压燃但未出现完全燃烧，当预热温度达到 $T_0 = 340$ K，均质混合气就能够完全燃烧。从无预热温度 $T_0 = 300$ K 时微燃

烧室内未着火,到对进气预热之后 CH_4 出现完全燃烧,计算结果表明对微自由活塞动力装置的进气进行预热能够拓展其可燃当量比的极限。

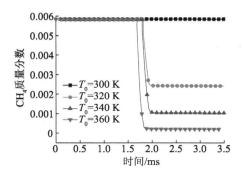

图 6-29　$\Phi = 0.1$ 时微燃烧室内甲烷组分变化曲线

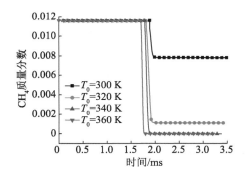

图 6-30　$\Phi = 0.2$ 时微燃烧室内甲烷组分变化曲线

图 6-31 为当量比为 0.1 时不同预热温度下微自由活塞动力装置的活塞速度变化曲线。在未对混合气进行预热时($T_0 = 300$ K),活塞的返回末速度约为 12.1 m/s,较活塞初速度 $v_0 = 12.2$ m/s 略有减小,表明燃烧室内均质混合气未发生着火现象。在预热温度 $T_0 = 320$ K,340 K 时,结合图 6-29 可知,微燃烧室内燃料出现消耗,活塞返回末速度稍大于压缩初速度。当预热温度 $T_0 = 360$ K 时,微燃烧室内的甲烷全部消耗,实现完全燃烧,且活塞的返回末速度为 12.9 m/s,较初速度有了明显的增大。从微自由活塞速度变化也能看出微燃烧室内是否发生着火,模拟计算结果能够进一步说明对微自由活塞动力装置的进气进行预热能够有效拓宽其可燃极限当量比,这可对微装置的开发过程中进气参数设计带来一定的指导作用。

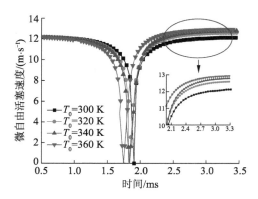

图 6-31　微自由活塞速度变化曲线($\Phi=0.1$)

在微自由活塞动力装置的运行参数中,燃烧温度和压力是分析燃烧特性的最基础且最重要的指标。图 6-32 和图 6-33 分别为当量比 $\Phi=0.1$ 时不同预热温度下微燃烧室内的温度及压力随时间的变化曲线。由于 $\Phi=0.1$ 时 CH_4 的质量分数小,因此压缩过程中燃烧速率缓慢,燃烧温度和压力没有出现陡然骤升的情况。在未预热时,结合图 6-29 中 CH_4 的消耗曲线可知,微燃烧室内未发生着火。图 6-32 显示通过对微自由活塞动力装置进气预热,压缩过程中微燃烧室内的温度增高,且随着预热温度的上升,微燃烧室内的甲烷消耗比例增加,燃烧温度峰值也随之升高。图 6-33 所示为微自由活塞动力装置在运行过程中燃烧室内压力的变化曲线,燃烧压力曲线呈现出与燃烧温度曲线相同的特征。通过分析不同预热温度下微自由活塞动力装置燃烧过程中的温度和压力变化可以得出,对微自由活塞动力装置的进气进行预热能够提高混合气在小当量比下的着火性能,即能够拓宽其极限可燃当量比。

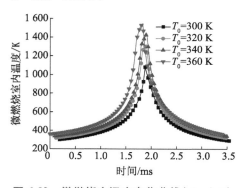

图 6-32　微燃烧室温度变化曲线($\Phi=0.1$)

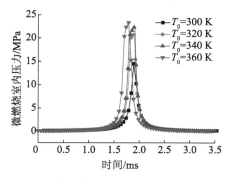

图 6-33　微燃烧室压力变化曲线($\Phi=0.1$)

为了研究进气预热作用对微自由活塞动力装置可燃当量比的拓展作用,本书对 5 种当量比工况下(Φ=0.1,0.2,0.3,0.4,0.5)不同预热温度时微自由活塞动力装置的临界着火初速度进行数值模拟,结果如图 6-34 所示。在自由活塞初速度 v_0=12.2 m/s 下,未对进气预热(T_0=300 K)时微自由活塞动力装置只能在 Φ=0.4 时实现完全燃烧,即未对进气预热时微自由活塞动力装置的稀燃极限当量比 Φ=0.4;当预热温度 T_0=320 K 时,微自由活塞动力装置的可燃当量比范围拓宽,对应的稀燃极限当量比 Φ=0.3;当预热温度 T_0=340 K 时,微自由活塞动力装置在 Φ=0.2 时实现完全燃烧,此时的稀燃极限当量比 Φ=0.2;当预热温度 T_0=360 K 时,微自由活塞动力装置的在 5 种当量比工况下全部能够实现完全燃烧,稀燃极限拓展至 Φ=0.1。

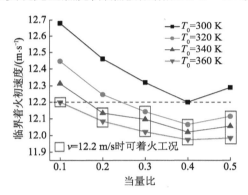

图 6-34　不同预热温度下临界着火初速度

为了更加直观地体现预热作用对微自由活塞动力装置可燃当量比的拓展作用,本书将各个预热温度下微自由活塞动力装置在每个当量比下的燃烧情况进行归纳。图 6-35 为在不同预热温度下微自由活塞动力装置可运行当量比范围。

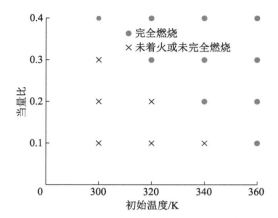

图 6-35　不同预热温度下微自由活塞动力装置的稀燃极限（$v_0 = 12.2$ m/s）

　　计算结果显示，即使在当量比 $\Phi = 0.1$ 这种稀薄燃烧条件下，当进气预热温度达到 360 K 时，微燃烧室内的均质混合气也能够实现完全燃烧。研究结果表明，对微自由活塞动力装置的进气进行预热能够拓宽其可燃极限当量比，并随着预热温度的升高，微自由活塞动力装置的稀燃当量比下限降低。

第7章 微自由活塞动力装置尺寸界限

根据绪论部分的介绍可知,在微小尺度下,动力装置面临着散热损失大、壁面淬熄和燃烧不稳定等问题,这些问题的存在对动力装置微型化的进程提出了挑战。本章基于第4章建立的数值模型,针对功率分别为 $1 \sim 10$ W, $10 \sim 60$ W 的微自由活塞动力装置,模拟研究进气预热和催化作用对微自由活塞动力装置的可运行尺寸界限的拓展作用,并基于做功能力的标准评价微自由活塞动力装置的动力性能,确定其可运行的最小尺寸。这对指导微自由活塞动力装置尺寸的理论极限研究具有重要意义。

7.1 功率的选取与计算

功率的计算是参照明尼苏达大学 H. T. Aichlmayr 建立的关于微自由活塞动力装置尺寸设计的公式[36]进行的,计算公式如下:

$$d^2 \eta_{ch} \eta_{fci} = \frac{8P}{\pi \Phi \eta_m F_s e_c \rho_i \overline{U}_p} = \text{const} \tag{7-1}$$

式中: d 为微燃烧室直径,mm; η_{ch} 为容积效率,取值为 0.446[37]; η_{fci} 为燃料指示热效率,与压缩比 ε 有关; Φ 为当量比; η_m 为机械效率,取值为 0.7[37]; F_s 为燃空比; e_c 为燃料的低热值; ρ_i 为均质混合气的密度,g/cm³; $\overline{U}_p$ 为活塞平均速度,取值为 10 m/s; P 为输出功率,W。

根据式(7-1)可知,微自由活塞动力装置的设计功率与压缩比、燃烧室尺寸呈正相关关系。在保证设计功率不变的情况下,随着运行压缩比的减小,微自由活塞动力装置的燃烧室尺寸缩小,即可运行尺寸界限随压缩比的减小而拓宽。为了研究进气预热和催化两种方式对微自由活塞动力装置的尺寸界限在大、小功率下的拓展作用,本书选取了功率分别为 $1 \sim 10$ W, $10 \sim 60$ W 的微自由活塞动力装置为研究对象。功率为 $1 \sim 10$ W 的微自由活塞动力装置的数值模拟初始条件为:采用 3 种体积相等的微燃烧室,直径 d×长度 L 分别为 1 mm×20 mm,1.5 mm×8.8 mm,2 mm×5 mm,对应长径比 r 分别为 20,5.9,2.5;均质混合气体采用甲烷和氧气;当量比 Φ 为 1(化学计量比为 1);初始温度为 300 K;初始压力为 0.1 MPa;自由活塞质量为 0.5 g,不考虑自由活塞与微燃烧室内壁之间的间隙。体积相同的 3 种微燃烧室在不同的压缩比下指示热效率不同,通过公式计算得出的设计功率范围为 1~10 W。功率的设计与计算如表 7-1 所示。

表 7-1 根据式(7-1)计算得到输出功率为 1~10 W 的微自由活塞动力装置参数
($\Phi=1$,均质混合气为甲烷和氧气,初始温度 300 K,初始压力 0.1 MPa)

压缩比 ε	直径 d/mm	输出功率/W
38	1	2
61	1	3.4
140	1	4.4
46	1.5	6
115	1.5	9.2
140	1.5	9.9
52	2	5
128	2	8.9
140	2	10

针对功率为 10~60 W 的微自由活塞动力装置的数值模拟,初始条件为:采用 3 种体积相等的微燃烧室,直径 d×长度 L 分别为 2.5 mm×20 mm,3 mm×13.9 mm,3.5 mm×10.2 mm,对应长径比 r 分别为 8,4.6,3;均质混合气体采用甲烷和氧气;当量比 Φ 为 1(化学计量比为 1);初始温度 300 K;初始压力 0.1 MPa;自由活塞质量 0.5 g,不考虑自由活塞与微燃烧室内壁之间的间隙。根据式(7-1)计算得到的输出功率如表 7-2 所示,3 种相同体积的微燃烧室在不同压缩比下的指示热效率不同,在不同压缩比 ε 条件下通过公式计算的功率范围为 10~60 W。

表 7-2　根据式(7-1)计算得到输出功率为 10~60 W 的微自由活塞动力装置参数
（Φ=1，均质混合气为甲烷和氧气，初始温度 300 K，初始压力 0.1 MPa）

压缩比 ε	直径 d/mm	输出功率/W
60	2.5	13
87	2.5	20
198	2.5	30
66	3	14
197	3	40
198	3	43
90	3.5	11
140	3.5	41
198	3.5	60

7.2　功率 1~10 W 的运行尺寸界限拓展

7.2.1　功率 1~10 W 的运行尺寸界限

微自由活塞动力装置能否正常运行，与压缩比 ε 密切相关，当压缩比达到一定条件时，均质混合气才能达到着火点发生燃烧，从而推动自由活塞完成做功冲程。图 7-1 为不同压缩比时微自由活塞动力装置的燃烧特性，其中长径比 r 为 11。

从图 7-1a 中可看出，当压缩比 ε 为 96 时，微燃烧室内温度并未发生陡增现象，均质混合气未被压燃，自由活塞末速度为 7.5 m/s，小于自由活塞初速度 7.7 m/s。从图 7-1b 中发现，压缩比 ε 为 96 时甲烷质量分数也未发生变化，微燃烧室内未发生着火；而当压缩比 ε 大于 97 时，微燃烧室内温度发生陡增现象，温度峰值均超过 3 000 K，均质混合气被压燃，甲烷被完全消耗，且随着压缩比 ε 的增加，自由活塞更接近微燃烧室底部，温度峰值提升，均质混合气的着火时刻也提前。

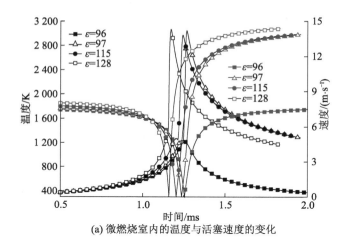

(a) 微燃烧室内的温度与活塞速度的变化

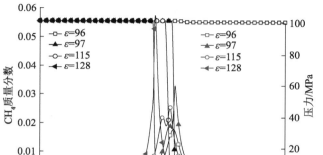

(b) 微燃烧室内CH$_4$质量分数与压缩比的变化

图 7-1 不同压缩比时微自由活塞动力装置的燃烧特性

($r=11$,均质混合气为甲烷和氧气,$\Phi=1$,初始温度 300 K,初始压力 0.1 MPa)

通过分析不同压缩比时微燃烧室内的着火情况,本书探讨了 1~10 W 的微自由活塞动力装置在不同尺寸界限下的运行情况,如图 7-2 所示。当长径比 r 为 5,压缩比 ε 大于 130 时,方可实现均质混合气的压燃,自由活塞即可完成膨胀做功过程,说明为使微自由活塞动力装置实现正常运转,所需压缩比 ε 最小为 130(自由活塞初速度为 8.2 m/s);同理可得,当长径比 r 为 11 时,压缩比 ε 大于 97,方可实现微自由活塞动力装置的正常运行,即为使微自由活塞动力装置实现正常运转,所需压缩比 ε 最小为 97(自由活塞初速度为 7.8 m/s);当长径比 r 为 40 时,为使微自由活塞动力装置实现正常运转,所需

压缩比 ε 最小为 61（自由活塞初速度为 7.3 m/s）。这是由于长径比的减小（燃烧室长度减小，由 40 mm 减小至 5 mm），自由活塞向燃烧室底部压缩运行的过程中，微燃烧室内温度开始上升，在接近燃烧室底部时未达到混合气燃烧所需的着火点，又限制于微燃烧室的长度不能继续压缩，而在微燃烧室内高温高压气体的作用下，发生返回过程，微自由活塞动力装置未能正常工作。

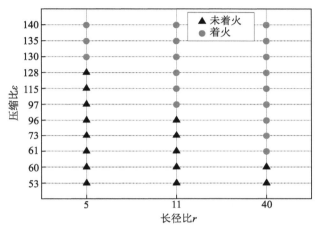

图 7-2　一般情况下，1~10 W 的微自由活塞动力装置的运行情况

（$r=5,11,40$；均质混合气为甲烷和氧气，$\Phi=1$，初始温度 300 K，初始压力 0.1 MPa）

图 7-3 所示为不同长径比时微自由活塞动力装置的燃烧特性，其中压缩比 ε 为 128。图 7-3a 展示了不同长径比对微燃烧室内甲烷质量分数和温度的影响，由图可以看出，长径比 r 为 5 时，微燃烧室内温度未出现陡增现象，均质混合气未被压燃，甲烷的质量分数没有变化，而长径比 r 为 11 和 40 时，温度陡增，峰值均超过 3 000 K，微燃烧室内发生完全燃烧反应，甲烷几乎被消耗。长径比 r 为 5 时，微自由活塞动力装置完成一个循环需要 1.3 ms；长径比 r 为 11.5 时，微自由活塞动力装置完成一个工作循环的时间增加至 1.9 ms；长径比 r 增加至 40 时，工作循环时间达到 4.2 ms。随着长径比的增加（燃烧室长度增加），微自由活塞动力装置完成一个工作循环的时间增加，着火点时刻也推迟，微燃烧室内温度峰值增加。观察自由活塞运动规律图 7-3b，当长径比 r 为 5 时，自由活塞末速度为 7.8 m/s，较自由活塞初速度 8.1 m/s 略小，因此微自由活塞动力装置无法运转；当长径比 r 从 11 增加至 40 时，微燃烧室内发生燃烧状况，自由活塞末速度分别为 13.8 m/s，14.1 m/s，均大于初速度，微自

由活塞动力装置成功运转。

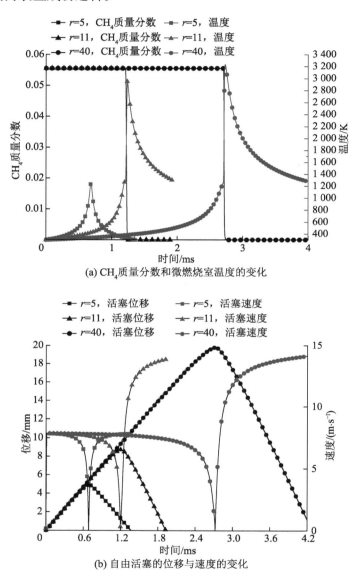

(a) CH$_4$质量分数和微燃烧室温度的变化

(b) 自由活塞的位移与速度的变化

图 7-3　不同长径比时,功率 1~10 W 的微自由活塞动力装置的燃烧特性
($\varepsilon=128$,均质混合气为甲烷和氧气,$\Phi=1$,初始温度 300 K,初始压力 0.1 MPa)

7.2.2　催化作用对运行尺寸界限的影响

与无催化条件相比,催化条件下所采用的数值物理模型未发生变化,催

化模型所采用的控制数学模型包括能量守恒方程、质量守恒方程及动量守恒方程也均未改变。而对于催化模型所采用的组分方程,催化涂层表面需满足:

$$R_s M_s = -D\rho\left(\frac{\partial Y_s}{\partial n}\right) + Y_{s,u}\rho_w U_n \tag{7-2}$$

式中:M_s 为组分 s 的摩尔质量;U_n 为 Stenfan 流速度分量;R_s 根据下式确定:

$$R_s = \sum_{K=1}^{K_s} V_{rs}k_r \prod_{j=1}^{N_g+N_s} [X_j]^{V'_{jr}} (i = 1, \cdots, N_g + N_s) \tag{7-3}$$

式中:X_j 为组分浓度,mol/m^2;K_s 为表面基元反应的数量;N_g+N_s 为组分数;V_{rs}, V'_{jr} 为化学当量系数;k_r 为第 r 个反应的反应速率常数,由下式决定:

$$k_r = A_r T^{\beta r}\exp\left(-\frac{E_{\alpha r}}{RT}\right)\prod_{S=1}^{N_s} \Theta_S^{U_{rs}}\exp\left(\frac{\varepsilon_{rs}\Theta_s}{RT}\right) \tag{7-4}$$

式中:Θ_s 为组分 s 的表面覆盖率;U_{rs}, ε_{rs} 为覆盖参数。

采用 Pt 作为催化剂,均质混合气为甲烷与氧气,甲烷在催化剂 Pt 表面发生催化反应,包括 24 个化学反应、11 种表面组分和 7 种气体反应。

1~10 W 的微自由活塞动力装置在催化条件下,不同尺寸的运行情况如图 7-4 所示。与一般情况下的运行情况(见图 7-2)相比,微自由活塞动力装置的可运行尺寸范围得到拓展。借助催化作用,当长径比 r 为 5 时,微自由活塞动力装置的可运行压缩比 ε 从 130 减小至 115;当长径比 r 为 11 时,可运行的压缩比 ε 从 97 减小至 96;当长径比 r 为 40 时,可运行的最小压缩比 ε 依然为 61。

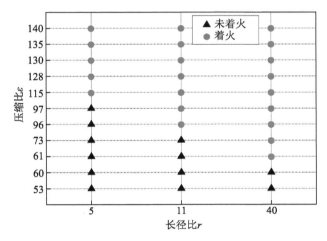

图 7-4　催化条件下 1~10 W 的微自由活塞动力装置的运行情况
($r=5,11,40$;均质混合气为甲烷和氧气,$\Phi=1$,初始温度 300 K,初始压力 0.1 MPa)

而催化作用对自由活塞运动规律和微燃烧室燃烧状况的影响如图 7-5 所示,其中长径比 r 为 5,压缩比 ε 为 115(自由活塞初速度为 8 m/s)。

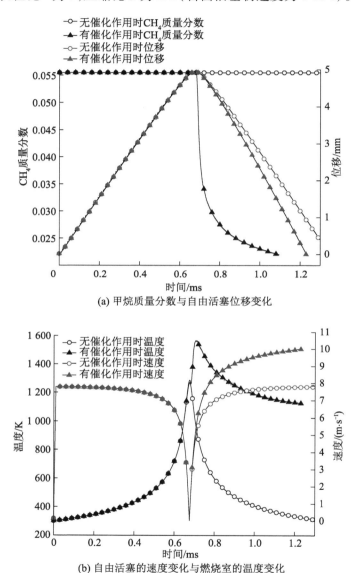

(a) 甲烷质量分数与自由活塞位移变化

(b) 自由活塞的速度变化与燃烧室的温度变化

图 7-5　有无催化作用下,1~10 W 的微自由活塞动力装置的燃烧特性

($\varepsilon=115$,$r=5$,均质混合气为甲烷和氧气,$\Phi=1$,初始温度 300 K,初始压力 0.1 MPa)

从图 7-5a 中可以看出,在持续 0.68 ms 的压缩过程中,有无催化作用下

自由活塞运动位移无明显差异,两条曲线几乎重合,而在自由活塞返回过程中,催化作用下的自由活塞位移曲线较陡峭,自由活塞返回的速度增大。这说明催化作用主要发生在压缩过程之后,无催化作用时,混合气(CH₄/O₂)未达到着火点,甲烷几乎未消耗;而催化剂的添加降低了均质混合气压燃所需的着火点,甲烷几乎被消耗。图 7-5b 也充分说明了这一特点,压缩过程中,有无催化条件并未影响自由活塞的运动速度和燃烧室温度的变化;而在上止点附近,催化作用下的微燃烧室发生燃烧,温度陡增至 1 600 K,自由活塞的运动速度也增加,末速度约为 11 m/s,微自由活塞动力装置成功运行。无催化作用时,微燃烧室温度峰值约为 1 267 K,自由活塞末速度低于自由活塞初速度,微自由活塞动力装置未成功运行。

7.2.3　催化作用对做功能力的影响

1~10 W 的微自由活塞动力装置在催化作用下的可运行尺寸界限得到拓展,而评价微自由活塞动力装置的做功能力还需借助动力性能指标。微自由活塞动力装置的动力性能指标包括指示功、燃料放热率、指示热效率、净输出功、净功率等。

（1）指示功 W_i

$$W_i = \int p \mathrm{d}V \tag{7-5}$$

式中:p 为微燃烧室内压力,MPa;V 为燃烧室内体积,cm³。

（2）燃料放热率 Q

$$Q = mH_u \tag{7-6}$$

式中:m 为燃料气体质量,g;H_u 为燃料的低热值,kJ/kg。

（3）指示热效率 η_{it}

$$\eta_{it} = \frac{W_i}{Q} \tag{7-7}$$

（4）净输出功 W_e

$$W_e = \frac{1}{2}mv_1^2 - \frac{1}{2}mv_0^2 \tag{7-8}$$

式中:m 为自由活塞质量,kg;v_1 为自由活塞末速度,m/s;v_0 为自由活塞初速度,m/s。

（5）净功率 N_e

$$N_e = \frac{W_e}{t} \tag{7-9}$$

式中：t 为自由活塞运行时间，s。

本节根据上述计算公式，计算得出在有无催化作用时，$1\sim10$ W 的微自由活塞动力装置在不同尺寸下的做功能力。

图 7-6 展示了长径比 r 为 5,11,40 时，不同压缩比条件下所做指示功的情况，其中空心点表示在催化条件下，阴影区域上方属于均质混合气完全燃烧区域，阴影区域下方表示均质混合气未完全燃烧区域，指示功反映了燃烧室在一个工作循环中所获得的有用功的数量。

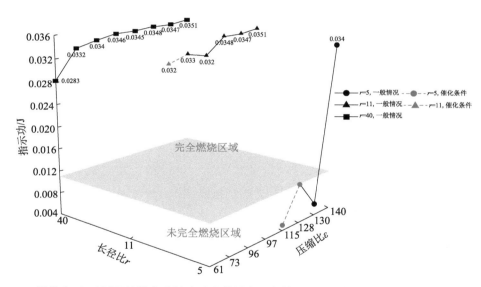

图 7-6　$1\sim10$ W 的微自由活塞动力装置在一般情况和催化条件下所做的指示功
（$r=5,11,40$；均质混合气为甲烷和氧气，$\Phi=1$，初始温度 300 K，初始压力 0.1 MPa）

纵观整体趋势，$1\sim10$ W 的微自由活塞动力装置所做指示功均在 0.03 J 左右波动。无催化作用下，长径比 r 为 40 时，压缩比 ε 从 140 减小至 61，所做指示功也分别从 0.035 1 J 减小至 0.028 3 J；长径比为 11 和 5 时也呈现出相同趋势，无催化作用时，相同长径比条件下，随着压缩比的增加，指示功也增加，这是由于随着压缩比的增加，自由活塞会更接近燃烧底部，均质混合气的最高压力也增加，动力输出得到提升，指示功增加。在催化作用下，运行范围得到了拓宽,但所做指示功也减小。其中长径比 r 为 5 时,无催化作用,压缩比 ε 为 140,所做指示功 0.034 6 J,而压缩比 ε 减小至 130 时,指示功陡然减小至 0.005 6 J,这是由于压缩比 ε 为 130 时,均质混合气虽然达到着火点发生燃烧,但均质混合气未完全消耗,能量转换效率低,所做指示功减小,而压缩比 ε 为 140 时,均质混合气完全被消耗,如图 7-7 所示。

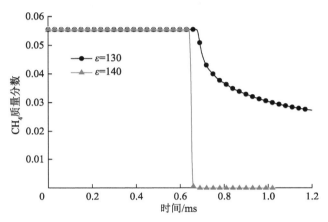

图 7-7　不同压缩比时微燃烧室内 CH_4 质量分数变化

($r=5$,均质混合气为甲烷和氧气, $\Phi=1$,初始温度 300 K,初始压力 0.1 MPa)

综上所述,长径比 r 为 40 时,可运行最小压缩比 ε 为 61,指示功约为 0.028 3 J,平均指示压力为 1.82 MPa;长径比 r 为 11 时,最小压缩比 ε 减小至 96,此时所做指示功约为 0.032 4 J,平均指示压力为 1.82 MPa;长径比 r 为 5 时,最小压缩比 ε 可选取 115,均质混合气未完全燃烧,指示功为 0.005 4 J,平均指示压力为 1.82 MPa,与平均指示压力为 0.4~0.7 MPa 的二冲程发动机相比,微自由活塞动力装置中单位气缸容积在一个工作循环内所做指示功优于传统发动机。

1~10 W 的微自由活塞动力装置的指示功为 0.03 J 左右,而净功率差异较明显。图 7-8 所示为长径比 r 为 5,11,40 时,1~10 W 的微自由活塞动力装置的净功率。从图中可看出,数值模拟计算的净功率与最初设计的功率范围有些许差异,这是由于数值模拟计算中忽略了机械效率、传热损失、混合气泄漏等影响因素。同一长径比时,无论有无催化作用,净功率均随着压缩比的减小而减小;长径比 r 为 5 时,均质混合气得到充分燃烧(不考虑 $r=5$, $\varepsilon=115,128,130$),净功率高达 33 W;长径比 r 增加至 11 时,微自由活塞动力装置的净功率只有 17 W 左右;当长径比 r 增加至 40 时,微自由活塞动力装置的净功率约为 8 W。这是由于 3 种长径比工况下的指示功虽然均在 0.03 J 左右,差异不明显,但若长径比减小(微燃烧室长度的减小),则微自由活塞动力装置完成一个工作循环的时间也会缩短(图 7-3 可以验证),因此,随着长径比的减小,微自由活塞动力装置在一个工作循环内单位时间所做的有用功增加。

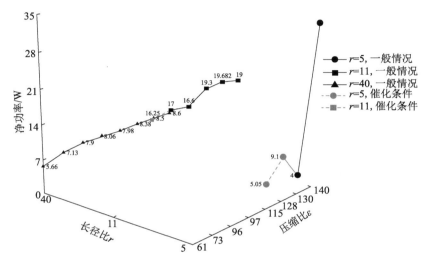

图 7-8 1~10 W 的微自由活塞动力装置在一般情况和催化条件下的输出净功率
(r =5,11,40;均质混合气为甲烷和氧气, Φ =1,初始温度 300 K,初始压力 0.1 MPa)

观察可运行最小尺寸的净功率情况,长径比 r 为 40,最小压缩比 ε 为 61,净输出功率约为 5.66 W,能量密度为 360 MW/m³;长径比 r 为 11,最小压缩比 ε 为 96,净输出功率约为 16.25 W,能量密度为 1 034 MW/m³;长径比 r 为 5,最小压缩比 ε 为 115,净输出功率约为 5.05 W(均质混合气未完全燃烧),能量密度为 321 MW/m³,微自由活塞动力装置能量密度明显优于其他微型动力系统。

指示热效率是微自由活塞动力装置循环指示功与所消耗燃料热量的比值。表 7-3 展示了上述工况下的指示热效率情况,其中,虚线框中的数值是催化作用下的指示热效率,其他数值是一般情况下的指示热效率。相同长径比时,无论有无催化作用情况下,随着压缩比的减小,所做指示功也随之减小。均质混合气的燃烧放热量也减小,因此指示效率也会随之减小;均质混合气完全燃烧时(不考虑 r =5, ε =115,128,130),指示热效率在 70% 左右波动;均质混合气未燃烧时,指示热效率较低。

观察微自由活塞动力装置可运行最小尺寸的指示热效率情况,长径比 r 为 40,压缩比 ε 为 61 时,指示热效率约为 58%;长径比 r 为 11,压缩比 ε 为 96 时,指示热效率约为 67%;长径比 r 为 5,压缩比 ε 为 115 时,指示热效率约为 21%,与二冲程汽油机、柴油机的指示热效率相比,其指示热效率较高,这是由于数值模拟未考虑微自由活塞动力装置机械损失、传热损失的影响[60]。

表 7-3　1~10 W 的微自由活塞动力装置在一般情况和催化条件下的指示热效率
($r=5,11,40$,均质混合气为甲烷和氧气,$\varPhi=1$,初始温度 300 K,初始压力 0.1 MPa)

单位:%

长径比 r	压缩比 ε							
	61	73	96	97	115	128	130	140
5	未着火	未着火	未着火	未着火	21	37	22.3	72
11	未着火	未着火	67	69.5	67.8	72.0	72.2	73.2
40	58	68	70	72	72	72.5	72.3	73.0

7.2.4　预热及催化作用对运行尺寸界限的影响

由上小节的分析得出,在催化作用下,微自由活塞动力装置的可运行尺寸范围得到拓宽,本小节在催化作用的基础上添加混合气预热作用,提高均质混合气的初始温度,考虑到微燃烧室内峰值温度过高会引起微燃烧室的爆裂,还会减小微燃烧室内均质混合气体的质量,因此均质混合气的预热温度设为 320 K,340 K,360 K。

图 7-9 所示为在预热及催化作用下 1~10 W 的微自由活塞动力装置的运行情况,灰色区域表示微自由活塞动力装置微燃烧室内发生燃烧事件。与图 7-4(只有催化作用时)的运行情况对比可知,在预热及催化作用下,微自由活塞动力装置的可运行范围得到极大拓宽。当长径比 r 为 5,压缩比 ε 为 53,预热温度为 340 K 时,混合燃料并未压燃,微自由活塞动力装置未成功运行,而当预热温度提高至 360 K 时,微自由活塞动力装置能够成功运行。随着均质混合气预热温度的升高,微自由活塞动力装置的可运行范围也随之拓宽,当预热温度提高至 360 K,长径比 r 为 5 时,可运行的最低压缩比 ε 减小至 52(自由活塞初速度为 6.9 m/s);长径比 r 为 11 时,可运行的最低压缩比 ε 减小至 46(自由活塞初速度为 6.9 m/s);长径比 r 为 40 时,可运行的压缩比 ε 减

小至 38(自由活塞初速度为 6. 2 m/s)。

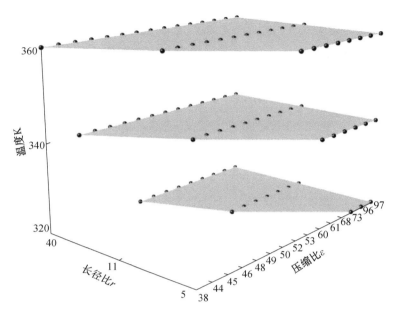

图 7-9   预热及催化作用下,不同预热温度时 1~10 W 的微自由活塞动力装置的运行情况
(r＝5,11,40,均质混合气为甲烷和氧气,Φ＝1,初始压力 0. 1 MPa)

均质混合气初始温度的升高对微燃烧室内平均温度的影响如图 7-10 所示。图 7-10a 对应预热温度 340 K,图 7-10b 对应预热温度 360 K,其中长径比 r 为 5,压缩比 ε 为 53。对比两组云图发现,压缩过程中,随着预热温度的升高,微燃烧室内的温度也随之上升,自由活塞压缩 0. 78 ms 后,活塞均到达燃烧室底部,预热温度的升高对压缩过程中自由活塞的运动规律无明显影响;运行至燃烧室底部时,燃烧室内的温度约为 1 240 K,未发生燃烧过程,燃烧室内的温度约为 1 600 K,发生燃烧过程,温度陡升至 3 000 K,燃烧室膨胀做功,且工作循环时间缩短,这是由于高温高压气体的作用,自由活塞以较高速度完成膨胀过程,且预热作用主要发生在压缩过程之后。图 7-11 为混合气预热温度对微燃烧室燃烧特性的影响。压缩过程中,自由活塞的位移、速度、微燃烧室内压力的变化并未受预热温度的影响,而在返回过程中,预热温度为 360 K 时,均质混合气被压燃,甲烷被完全消耗,微燃烧室内压力陡升,活塞返回的末速度也增大。

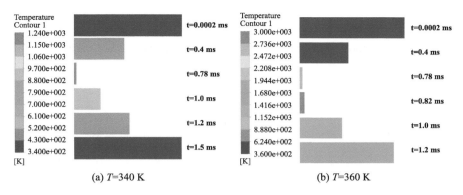

(a) *T*=340 K　　　　　　　　　　　(b) *T*=360 K

图 7-10　均质混合气的预热温度对微燃烧室内温度云图的影响

（r=5，ε=53，均质混合气为甲烷和氧气，Φ=1，初始压力 0.1 MPa）

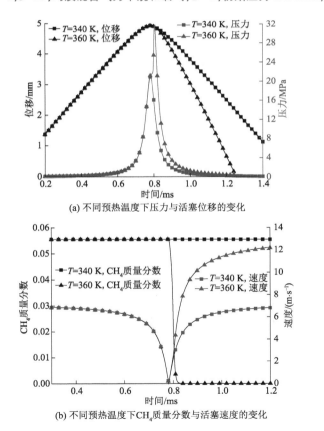

(a) 不同预热温度下压力与活塞位移的变化

(b) 不同预热温度下 CH_4 质量分数与活塞速度的变化

图 7-11　均质混合气的预热温度对微燃烧室燃烧特性的影响

（r=5，ε=53，均质混合气为甲烷和氧气，Φ=1，初始压力 0.1 MPa）

7.2.5 预热及催化作用对做功能力的影响

前面分析了预热及催化作用下,1~10 W 的微自由活塞动力装置的运行尺寸范围,本小节分别通过指示功、净功率、指示热效率来评价 1~10 W 的微自由活塞动力装置在预热及催化作用下的做功能力。

图 7-12 所示为在预热及催化作用下,1~10 W 的微自由活塞动力装置所做的指示功,阴影上方表示均质混合气完全燃烧区域,下方表示均质混合气未完全燃烧区域。纵观整体趋势,均质混合气完全燃烧时(不考虑 $r=11$,$\varepsilon=49,53$;$r=5$,$\varepsilon=52,60,61,73$),指示功均在 0.03 J 左右波动,但与催化作用时的指示功比较,其指示功的平均水平有所降低。预热作用使微自由活塞动力装置的运行界限得到拓宽,可运行的最小压缩比减小,但动力输出随之减小,指示功减小。当长径比 r 为 40,均质混合气完全燃烧,当预热温度为 320 K 时,随着压缩比 ε 从 60 减小至 50,指示功也分别从 0.031 J 减小至 0.028 J;预热温度升高至 340 K 时,压缩比 ε 从 49 减小至 46,指示功也分别从 0.027 8 J 减小至 0.027 J;预热温度提升至 360 K 时,压缩比 ε 从 45 减小至 38,指示功也分别从 0.026 J 减小至 0.023 J,说明预热温度的升高引起的可运行尺寸范围的拓宽是以牺牲指示功为前提的。当长径比 r 为 5,11,均质混合气完全压燃时也呈此规律。

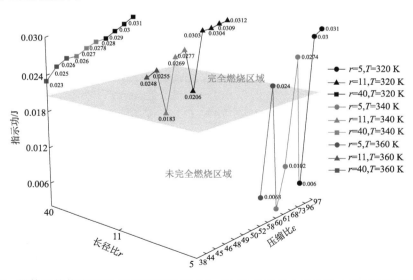

图 7-12　预热及催化作用下,不同预热温度时 1~10 W 的微自由活塞动力装置所做的指示功
($r=5,11,40$,均质混合气为甲烷和氧气,$\Phi=1$,初始压力 0.1 MPa)

关于微自由活塞动力装置可运行最小尺寸的指示功:长径比 r 为 5 时,可运行最低压缩比 ε 拓宽至 52,指示功大小为 0.006 8 J(未完全燃烧),平均指示压力 0.43 MPa;长径比 r 为 11 时,可运行最低压缩比 ε 拓宽至 46,可做出 0.024 8 J 指示功,平均指示压力 1.5 MPa;长径比 r 为 40 时,可运行最小压缩比 ε 拓宽至 38,可做出 0.023 2 J 指示功,平均指示压力为 1.4 MPa,较传统发动机微自由活塞动力装置的气缸工作容积利用率得到提高。

预热及催化作用对 1~10 W 的微自由活塞动力装置净功率的影响如图 7-13 所示。

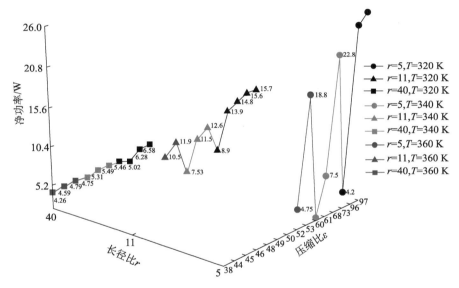

图 7-13 预热及催化作用下,不同预热温度时 1~10 W 的微自由活塞动力装置所做净功率($r=5,11,40$,均质混合气为甲烷和氧气,$\varPhi=1$,初始压力 0.1 MPa)

观察长径比 r 为 11,预热温度为 320 K 时,压缩比 ε 从 53 增加至 73,净功率也随之增加;由于压缩比 ε 为 53 时,混合气未完全燃烧,微自由活塞动力装置的净功率远小于压缩比 ε 为 60~73 的水平;当预热温度升高至 340 K 时,可运行压缩比 ε 增加至 49。同理,压缩比 ε 为 49 时,混合气没有完全燃烧,使得净功率远低于其他工况;但预热温度升高至 360 K 时,可运行压缩比 ε 拓宽至 46(自由活塞初速度为 6.5 m/s),获得 10.5 W 的净功率,混合气完全燃烧。相同长径比时,预热温度的升高拓宽了微自由活塞动力装置的运行尺寸界限,但也限制了装置的净功率输出。另外,若均质混合气完全燃烧,长径比 r 为 40 时,平均净功率约为 5.5 W;长径比 r 为 11 时,平均净功率约为 13.3 W;长径比 r 为 5 时,平均净功率约为 23.7 W;随着长径比的减小,净功率随之增大。这是由于长径比的减小,微自由活塞动力装置完成一个工作循环的时间缩短,而指示功变化无较大差异,因此随着长径比的减小,单位时间内所做功增加。

关于微自由活塞动力装置可运行最小尺寸的净功率:长径比 r 为 5,预热温度为 360 K 时,可运行最小压缩比 ε 只需 52 就可获得 4.7 W 的净功率,均质混合气未完全燃烧;长径比 r 为 11,预热温度为 360 K 时,可运行压缩比 ε 拓宽至 46,获得 10.5 W 的净功率;长径比 r 为 40,预热温度为 360 K 时,可运行最小压缩比 ε 减小至 38,获得 4.3 W 的净功率,均质混合气未完全燃烧,最低能量密度为 273 MW/m^3。

本研究通过指示热效率来评价微自由活塞动力装置的热效率,表 7-4 反映了预热及催化作用下 1~10 W 的微自由活塞动力装置的指示热效率情况,虚线框内的数值表示预热温度为 320 K,实线框内的数值表示预热温度为 340 K,其他数值表示预热温度为 360 K。从表 7-4 中可看出,同一长径比,同一预热温度下,指示热效率随着压缩比的增大而增加;均质混合气完全燃烧时,预热温度的升高,可运行界限得到拓宽,但指示热效率降低。

表 7-4 预热及催化作用下 1~10 W 的微自由活塞动力装置的指示热效率
(均质混合气为甲烷和氧气、$\Phi=1$,初始温度可变,初始压力 0.1 MPa)

单位:%

压缩比 ε	长径比 r		
	40	11	5
38	48	未着火	未着火
44	50	未着火	未着火
45	53.7	未着火	未着火
46	53.6	51.6	未着火

续表

压缩比 ε	长径比 r		
	40	11	5
48	57.4	53.2	未着火
49	58.1	16	未着火
50	57.9	56.2	未着火
52	61.8	57.7	21
53	63.2	42.9	50
60	64.2	63.4	14.1
61		63.4	30
68		64.3	57.2
73		65	21
96			62.6
97			63.6

观察微自由活塞动力装置可运行最小尺寸的指示热效率可知:长径比 r 为 5,压缩比 ε 为 52 时,指示热效率为 21%;长径比 r 为 11,压缩比 ε 为 46 时,指示热效率为 51.6%;长径比 r 为 40,压缩比 ε 为 38,指示热效率为 48%,由于未考虑传热损失、机械损失等因素,指示热效率较高于传统二冲程发动机。

7.3　功率 10~60 W 的尺寸界限拓展

7.3.1　功率 10~60 W 的尺寸界限

图 7-14 为 10~60 W 的微自由活塞动力装置在不同尺寸下的运行情况,三角形点表示微燃烧室内未发生着火,圆形点表示微燃烧室内发生着火。均质混合气被压燃才可以完成做功过程,微自由活塞动力装置才可以成功运行。随着长径比的增加,微自由活塞动力装置的可运行范围依然呈现拓展趋势;长径比 r 为 6 时,可运行的最小压缩比 ε 为 195(自由活塞初速度为

22.7 m/s);长径比 r 为 9 时,可运行的最小压缩比 ε 为 163(自由活塞初速度
为 20.8 m/s);长径比 r 为 16 时,可运行的最小压缩比 ε 为 97(自由活塞初速
度为 19.6 ms)。相比 1~10 W 的微自由活塞动力装置,其可运行的最小压缩
比较大,这是由于 10~60 W 的微自由活塞动力装置微燃烧室容积增大,均质
混合气的量增多,被压燃的所需初动能也增加。

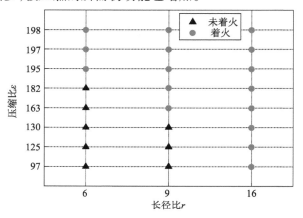

图 7-14   一般情况下 10~60 W 的微自由活塞动力装置的运行情况
($r=6,9,11$,均质混合气为甲烷和氧气,$\Phi=1$,初始温度 300 K,初始压力 0.1 MPa)

7.3.2   催化作用对运行尺寸界限的影响

微燃烧室底部添加 Pt 催化剂对微自由活塞动力装置的运行情况的影响
如图 7-15 所示。

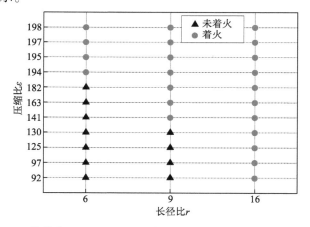

图 7-15   催化作用下,10~60 W 的微自由活塞动力装置的运行情况
($r=6,9,11$,均质混合气为甲烷和氧气,$\Phi=1$,初始温度 300 K,初始压力 0.1 MPa)

从图 7-15 中可以看出,催化作用下,微自由活塞动力装置的可运行尺寸界限得到拓展:长径比 r 为 6 时,可运行最小压缩比 ε 从 195 减小为 194(自由活塞初速度为 22.6 m/s);长径比 r 为 9 时,可运行的最小压缩比 ε 从 163 减小至 141(自由活塞初速度为 20.5 m/s);长径比 r 为 16 时,可运行最小压缩比 ε 从 97 减小至 92(自由活塞初速度为 19.5 m/s)。评价微自由活塞动力装置的动力性能还需讨论其做功能力。

7.3.3　催化作用对做功能力的影响

本节讨论 10~60 W 的微自由活塞动力装置的做功能力。做功能力的指标包括指示功、净功率和指示热效率。图 7-16 为有无催化作用时,微自由活塞动力装置一个循环内所做的有用功,其中实线曲线表示一般情况(无催化预热作用),虚线曲线表示有催化作用,阴影平面上方工况为均质混合气被完全消耗,下方工况为均质混合气未完全消耗:在完全燃烧区域,100 W 的微自由活塞动力装置所做指示功范围为 0.2~0.25 J,指示功得到提升,但不完全燃烧的工况也变多,这是由于微燃烧室体积增大,均质混合气被完全压燃所需的初动能增加。

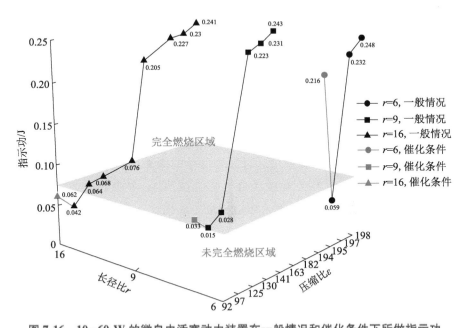

图 7-16　10~60 W 的微自由活塞动力装置在一般情况和催化条件下所做指示功
（ $r=6,9,11$,均质混合气为甲烷和氧气, $\varPhi=1$,初始温度 300 K,初始压力 0.1 MPa）

观察当长径比 r 为 6,无催化作用时,随着压缩比的减小,指示功也减小,当压缩比减小至 195 时,均质混合气未完全压燃,指示功仅为 0.059 J,而由于催化剂的添加,均质混合气的着火点降低,压缩比为 194 时,混合气被完全消耗,指示功高达 0.216 J。长径比 r 为 9,16 时,指示功均有相似变化规律。

观察微自由活塞动力装置可运行最小尺寸的指示功可知:长径比 r 为 6,可运行最小压缩比 ε 为 194,均质混合气完全消耗,指示功为 0.205 J,平均指示压力为 2.08 MPa;长径比 r 为 9,可运行最小压缩比 ε 为 141,均质混合气未完全消耗,指示功为 0.033 J,平均指示压力为 0.335 MPa;长径比 r 为 16,可运行最小压缩比 ε 为 92,均质混合气未完全消耗,所做指示功为 0.062 J,平均指示压力为 0.63 MPa。相比 1~10 W 的微自由活塞动力装置最小尺寸的做功能力,10~60 W 的微自由活塞动力装置最小尺寸所做指示功得到提高。

图 7-17 为 10~60 W 的微自由活塞动力装置在不同运行尺寸下的净功率,可发现在完全燃烧区域,10~60 W 的微自由活塞动力装置的净功率均大于 100 W,未考虑传热损失、机械损失等的影响;长径比 r 为 16 时,平均净功率为 153 W,长径比 r 为 9 时,平均净功率为 225 W,长径比 r 为 6 时,平均净功率为 333.5 W,随着长径比的减小,指示功无明显差异,但由于工作循环时间的缩短,单位时间内所做有用功随之增加。相同长径比时,无催化作用下,压缩比的减小,所输出净功率随之减小,当长径比 r 为 6 时,压缩比 ε 从 198 减小至 197,净功率也分别从 364 W 减小至 303 W,当压缩比 ε 减小至 195 时,均质混合气未完全消耗,净功率仅有 68 W。

观察微自由活塞动力装置可运行最小尺寸的净功率可知:长径比 r 为 6,可运行最小压缩比 ε 为 194,均质混合气完全被消耗,净功率为 277 W,能量密度 2 819 MW/m^3;长径比 r 为 9,可运行最小压缩比 ε 为 141,均质混合气未完全消耗,净功率为 22.3 W,能量密度为 227 MW/m^3;长径比 r 为 16,可运行最小压缩比 ε 为 92,均质混合气未完全被消耗,净功率为 28.8 W,能量密度为 284 MW/m^3。

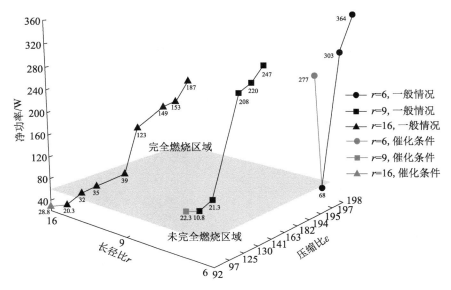

图 7-17　10~60 W 的微自由活塞动力装置在一般情况和催化作用下的净功率
（*r*=6，9，11，均质混合气为甲烷和氧气，*Φ*=1，初始温度 300 K，初始压力 0.1 MPa）

7.3.4　预热及催化作用对运行尺寸界限的影响

前面讨论了催化作用对微自由活塞动力装置运行尺寸及做功能力的影响，本节添加了混合气预热的作用，讨论 10~60 W 的微自由活塞动力装置的可运行尺寸界限，考虑到微燃烧室内温度过高会引起微燃烧室的爆裂，因此均质混合气的预热温度设为 320 K，340 K，360 K。

图 7-18 为预热及催化作用下 10~60 W 的微自由活塞动力装置的运行情况，其中灰色区域为微自由活塞动力装置可运行范围。从图中可以看出，3 种长径比下，预热温度从 320 K 升高至 360 K，灰色区域变广，微自由活塞动力装置可运行区域拓宽。与图 7-15 中只有催化作用时相比，10~60 W 的微自由活塞动力装置的最小运行尺寸得到拓展，长径比 *r* 为 6 时，可运行最小压缩比 *ε* 从 194 减小至 87（自由活塞初速度为 19.1 m/s）；长径比 *r* 为 9 时，可运行最小压缩比 *ε* 从 141 减小至 66（自由活塞初速度为 18.2 m/s）；长径比 *r* 为 16 时，可运行最小压缩比 *ε* 从 198 减小至 60（自由活塞初速度为 17.7 m/s）。

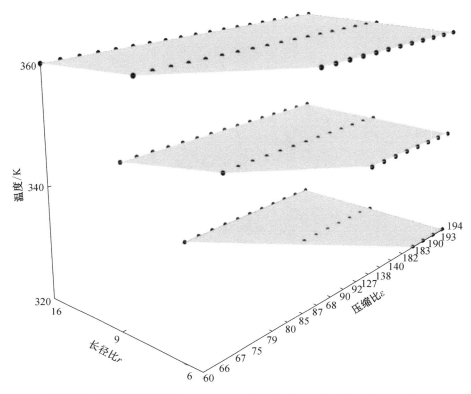

图 7-18　预热及催化作用下 10~60 W 的微自由活塞动力装置的运行情况
（$r = 6,9,11$,均质混合气为甲烷和氧气,$\Phi = 1$,初始压力 0.1 MPa）

7.3.5　预热及催化作用对做功能力的影响

　　分别通过指示功、净功率、指示热效率 3 种指标评价 10~60 W 的微自由活塞动力装置的做功能力。图 7-19 为预热及催化作用下,不同预热温度时 10~60 W 的微自由活塞动力装置所做指示功情况。图中灰色平面上方区域表示均质混合气完全被消耗,燃烧室内发生完全燃烧,下方区域表示均质混合气未被完全消耗;均质混合气完全燃烧时所做指示功在 0.2 J 左右波动;当长径比 r 为 6 时,预热温度为 320 K,压缩比从 194 减小至 182,所做指示功从 0.219 J 减小至 0.01 J,同样,预热温度为 340 K,360 K 时,指示功依然呈现随压缩比的减小而减小的趋势。这是由于压缩比的减小,上止点位置更加远离微燃烧室底部,微燃烧室内的峰值压力减小,动力输出减少;当长径比 r 为 9,16 时,指示功均呈现类似规律。

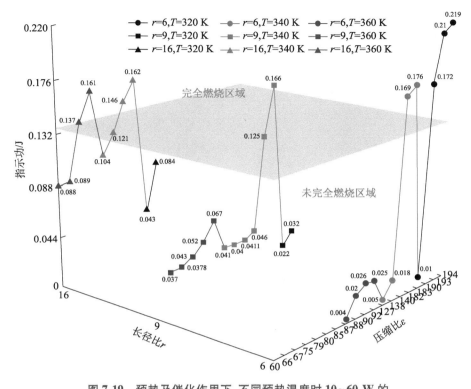

图 7-19　预热及催化作用下,不同预热温度时 10~60 W 的
微自由活塞动力装置所做指示功

($r=6,9,11$,均质混合气为甲烷和氧气,$\Phi=1$,初始压力 0.1 MPa)

观察微自由活塞动力装置可运行最小尺寸的指示功可知:长径比 r 为 6
时,可运行最小压缩比 ε 减小至 87,所做指示功为 0.004 J;长径比 r 为 9 时,
可运行最小压缩比 ε 减小至 66,所做指示功为 0.037 J;长径比 r 为 16 时,可
运行最小压缩比 ε 减小至 60,所做指示功为 0.108 J。

10~60 W 的微自由活塞动力装置在不同尺寸下的实际净功率如图 7-20
所示。相同长径比在同一预热温度下,净功率均随着压缩比的减小而减小;
长径比 r 为 6 时,可运行最小压缩比 ε 减小至 87,净功率为 2.25 W;长径比 r
为 9 时,可运行最小压缩比 ε 减小至 66,净功率为 22.9 W;长径比 r 为 16 时,
可运行最小压缩比 ε 减小 60,净功率为 49.43 W。

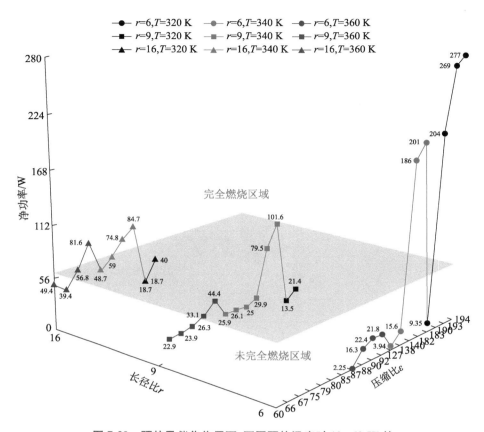

图 7-20　预热及催化作用下，不同预热温度时 10~60 W 的

微自由活塞动力装置的净功率

（*r*=6,9,11，均质混合气为甲烷和氧气，*Φ*=1，初始压力 0.1 MPa）

表 7-5 为微自由活塞动力装置所做指示热效率情况观察。长径比 *r* 为 6 时，可运行最小压缩比 *ε* 为 87，指示热效率达到 7%；长径比 *r* 为 9 时，可运行最小压缩比 *ε* 为 66，指示热效率达到 17.9%；长径比 *r* 为 16 时，可运行最小压缩比 *ε* 为 60，指示热效率达到 27%。

表 7-5　预热及催化作用下,不同预热温度时 10~60 W 的微自由活塞
动力装置的指示热效率

（$r=6,9,11$,均质混合气为甲烷和氧气,$\Phi=1$,初始温度可变,初始压力 0.1 MPa）

单位:%

压缩比 ε	长径比 r		
	6	9	16
60	未着火	未着火	27
66	未着火	17.9	29
67	未着火	18	45
75	未着火	20	54
79	未着火	22	35
80	未着火	26	41
85	未着火	20	48
87	7	19	54
88	13	20.8	18
90	16	21	30
92	15	22	
127	7	30	
138	13	12	
140	56	18	
182	58		
183	10		
190	57		
193	70		
194	73		

参考文献

[1] 李德桃,邓军,潘剑锋,等. 微动力机电系统和微发动机的研究进展[J]. 世界科技研究与发展,2002,24(1):24-27.

[2] 王小雷. 微型发动机性能及其燃料特性研究[D]. 北京:北京工业大学.

[3] 李勇,曾鸣,陈旭鹏,等. 微型发动机的研究进展[C].中国微米、纳米技术第七届学术会年会,大连,2005.

[4] 沈培宏. MEMS 技术[J]. 光电技术,2006(1):13-17.

[5] 黄新波,贾建援,王卫东. MEMS 技术及应用的新进展[J]. 机械科学与技术,2003(S1):21-24.

[6] 王立鼎,刘冲. 微机电系统科学与技术发展趋势[J]. 大连理工大学学报,2000,40(5):505-508.

[7] FERNANDEZ-PELLO A C. Micropowergeneration using combustion：Issues and approaches[J]. Proceedings of the Combustion Institute,2002,29(1):883-899.

[8] JU Y G,MARUTA K. Microscale combustion：Technology development and fundamental research[J]. Progress in Energy and Combustion Science,2011,37(6):669-715.

[9] SITZKI L,BORER K,WUSSOW S,et al. Combustion in microscale heat-recirculating burners[C].39th Aerospace Sciences Meeting and Exhibit, Reno,NV, Reston,Virginia, 2001.

[10] RONNEY P. Analysis of non-adiabatic heat-recirculating combustors[J]. Combustion and Flame,2003,135(4):421-439.

[11] VICAN J,GAJDECZKO B F,DRYER F L,et al. Development of a microreactor as a thermal source for microelectromechanical systems power generation[J]. Proceedings of the Combustion Institute,2002,29(1):909-916.

［12］ YANG W M，CHOU S K，SHU C，et al. Combustion in micro-cylindrical combustors with and without a backward facing step［J］. Applied Thermal Engineering，2002，22(16)：1777-1787.

［13］ YANG W M，CHOU S K，SHU C，et al. Development of micro-thermophoto-voltaic system［J］. Applied Physics Letters，2002，81(27)：5255-5257.

［14］ NIELSEN O M，ARANA L R，BAERTSCH C D，et al. A thermophotovoltaic micro-generator for portable power applications［C］. The 12th International Conference on Solid-State Sensors，Actuators and Microsystems，Boston，2003.

［15］ 潘剑锋，李德桃，邓军，等. 微热光电系统燃烧的若干影响因素的试验研究［J］. 机械工程学报，2004，40(12)：120-123.

［16］ PAN J F，HUANG J，LI D T，et al. Effects of major parameters on micro-combustion for thermophotovoltaic energy conversion［J］. Applied Thermal Engineering，2007，27(5/6)：1089-1095.

［17］ EPSTEIN A H，SENTURIA S D，ANATHASURESH G，et al. Power MEMS and microengines［C］. Proceedings of International Solid State Sensors and Actuators Conference (Transducers'97)，Chicago，IL，USA，1997.

［18］ PEIRS J，REYNAERTS D，VERPLAETSEN F. A microturbine for electric power generation［J］. Sensors and Actuators A：Physical，2004，113(1)：86-93.

［19］ MEHRA A，WAITZ I. Development of a hydrogen combustor for a microfab-ricated gas turbine engine［J/OL］. http://web. mit. edu/aeroastro/sites/waitz/publications/Mehra_5. pdf.

［20］ MEHRA A，ZHANG X，AYON A A，et al. A six-wafer combustion system for a silicon micro gas turbine engine［J］. Journal of Microelectromechanical Systems，2000，9(4)：517-527.

［21］ 辛动. 三角转子发动机［M］. 北京：科学出版社，1981.

［22］ Martinez F C，Knobloch A J，Pisano A P. Apex seal design for the MEMS ro-tary engine power system［C］. Proceedings of ASME 2003 International Me-chanical Engineering Congress and Exposition，Washington，DC，USA，2003.

［23］FU K,KNOBLOCH A J,COOLEY B A, et al. Microscale combustion research for application to MEMS rotary IC engine［C］. 2001 National Heat Transfer Conference,Anaheim,ASME,2001.

［24］FU K,KNOBLOCH A J,FABIAN C M,et al. Design and experimental results of small-scale rotary engines［C］. ASME 2001 International Mechanical Engineering Congress and Exposition, New York, 2001.

［25］刘宜胜. 基于三角转子发动机和微生物燃料电池的微小型电源研究［D］. 杭州：浙江大学,2008.

［26］钟晓晖,王小雷,勾昱君,等. 1台微型三角转子发动机的研制与试验研究［J］. 航空发动机,2007,33(4)：15-17.

［27］郑精辉,孙暄,杨灿军. 气动微型转子发动机的设计和实验研究［J］. 机床与液压,2006,34(12)：101-104.

［28］DAHM W,MIJIT J,MAYOR R, et al. Micro internal combustion swing engine (MICSE) for portable power generation systems［C］.40th AIAA Aerospace Sciences Meeting & Exhibit, Reno,NV,USA. 2002.

［29］Gu Y X,DAHM W. Turbulence-augmented minimization of combustion time in mesoscale internal combustion engines［C］. 44th AIAA Aerospace Sciences Meeting and Exhibit, Reno,Nevada, 2006.

［30］孙萌. 微型摆式发动机间隙流动机理研究及摆臂的气动设计［D］. 北京：中国科学院研究生院(工程热物理研究所),2015.

［31］周桐. 微型旋转摆式发动机的初步设计和热动力循环研究［D］. 南京：南京航空航天大学, 2016.

［32］郭志平,叶佩青,张仕民,等. 微型摆式发动机的总体设计［J］. 小型内燃机与摩托车,2002,31(4)：1-4.

［33］任志勇,周锋涛,沈杰. 基于 ADAMS 的微型摆式内燃机振动特性分析［J］. 机械设计与制造,2011(6)：139-141.

［34］吴书伟,郭志平,李晓波,等. 微型摆式发动机中心摆的变形分析［J］. 机械制造,2007,45(9)12-13.

［35］赵罗光,蒋利桥,赵黛青,等. 燃烧室结构对微型摆式发动机燃烧过程影响的数值模拟［J］. 新能源进展,2018,6(3)：239-244.

［36］AICHLMAYR H T,KITTELSON D B,ZACHARIAH M R. Miniature free-piston homogeneous charge compression ignition engine-compressor concept: Part I: Performance estimation and design considerations unique to small dimensions[J]. Chemical Engineering Science, 2002, 57(19): 4161-4171.

[37] AICHLMAYR H T, KITTELSON D B, ZACHARIAH M R. Miniature free-piston homogeneous charge compression ignition engine-compressor concept: Part II: Modeling HCCI combustion in small scales with detailed homogeneous gas phase chemical kinetics[J]. Chemical Engineering Science, 2002, 57(19): 4173-4186.

[38] AICHLMAYR H T, KITTELSON D B, ZACHARIAH M R. Micro-HCCI combustion: Experimental characterization and development of a detailed chemical kinetic model with coupled piston motion[J]. Combustion and Flame, 2003, 135(3): 227-248.

[39] AICHLMAYR, H T, KITTELSON, D B, ZACHARIAH, M R. Design consideration, modeling, and analysis of micro-homogeneous charge compression ignition combustion free-piston engine [J]. Energies, 2015, 8: 8108.

[40] HUANG F J, KONG W J. Experimental study on the operating characteristics of a reciprocating free-piston linear engine[J]. Applied Thermal Engineering, 2019, 161: 114131.

[41] WANG Q A, ZHANG D, BAI J, et al. Numerical simulation of catalysis combustion inside micro free-piston engine[J]. Energy Conversion and Management, 2016, 113: 243-251.

[42] BAI J, WANG Q A, HE Z X, et al. Study on methane HCCI combustion process of micro free-piston power device[J]. Applied Thermal Engineering, 2014, 73(1): 1066-1075.

[43] WANG Q A, ZHAO Y, WU F, et al. Study on the combustion characteristics and ignition limits of the methane homogeneous charge compression ignition with hydrogen addition in micro-power devices[J]. Fuel, 2019, 236: 354-364.

[44] WANG Q A, WU F, ZHAO Y, et al. Study on combustion characteristics and ignition limits extending of micro free-piston engines [J]. Energy, 2019, 179: 805-814.

[45] WAITZ I A, GAUBA G, TZENG Y S. Combustors for micro-gas turbine en-

gines[J]. Journal of Fluids Engineering,1998,120(1):109-117.

[46] SPADACCINI C M,PECK J,WAITZ I A. Catalytic combustion systems for microscale gas turbine engines[J]. Journal of Engineering for Gas Turbines and Power,2007,129(1):49-60.

[47] 范爱武,MINAEVSERGEY,MARUTAKAORU,等. 微小圆管中分裂火焰的实验与理论研究[J]. 工程热物理学报,2011,32(10):1781-1784

[48] PESCARA P R. Free piston machine:US2168829[P]. 1939-08-08.

[49] 赵弟远. 自由活塞发动机系统用永磁直线发电机性能分析[D]. 哈尔滨:哈尔滨理工大学, 2019.

[50] 华儒. 自由活塞发动机燃烧系统设计与控制技术研究[D]. 南京:南京理工大学,2018.

[51] MIKALSEN R,ROSKILLY A P. A review of free-piston engine history and applications[J]. Applied Thermal Engineering,2007,27(14/15):2339-2352.

[52] YIN N,CHANG S. Ideal thermodynamic cycle analysis of free piston engine based on expansion ratio[J]. Transactions of the Chinese Society of Agricultural Engineering,2013,29(11):37-43.

[53] 丰田研发自由活塞发动机线性发电机[J].国外内燃机,2017,49(5):4.

[54] BLARIGAN P V. Advanced internal combustion electrical generator[Z]. Proceedings of the 2001 DOE Hydrogen Program Review, NREL/CP-570-30535.

[55] 耿鹤鸣. 对置式液压自由活塞发动机的实验与仿真研究[D].天津:天津大学,2016.

[56] ONISHI S,JO S H,SHODA K,et al. Activethermo-atmosphere combustion (ATAC):A new combustion process for internal combustion engines[J]. SAE Transactions, 1979,88(2):1851-1860.

[57] 王谦,刘春生.自由活塞发电机:1978877[P].2007-06-13

[58] 黄蓉,柏金,王谦,等. 一种多点进气微自由活塞复合式动力装置:106121812B[P]. 2018-08-10.

[59] 柏金,王谦,何志霞,等. 一种进气预加热式微自由活塞发电机:中国,103670823A[P]. 2014-03-26.

［60］周龙保. 内燃机学［M］. 2 版. 北京：机械工业出版社,2005.

［61］NAJT P M, FOSTER D E. Compression-Ignited Homogeneous Charge Combustion［C］. SEA Technical Paper 830264, 1983.

［62］ACEVES S M, FLOWERS D L, MARTINEZ-FRIAS J, et al. A sequential fluid-mechanic chemical-kinetic model of propane HCCI combustion［C］. SAE Technical Paper 2001-01-1027, 2001.

［63］EASLEY W L, AGARWAL A, LAVOIE G A. Modeling of HCCI combustion and emissions using detailed chemistry［C］. SAE Technical Paper 2001-01-1029,2001.

［64］KONG S C, MARRIOTT D, REITZ D R, et al. Modeling and Experiments of HCCI Engine Combustion Using Detailed Chemical Kinetics with Multidimensional CFD［C］. SAE Technical Paper 2001-01-1026,2001.

附表

附表 1 甲烷与催化剂 **Pt** 的表面催化反应

序号	化学反应	A	b	E
1	H2+2PT(S)=>2H(S)	4.457 9E+10	0.5	0.0
2	2H(S)=>H2+2PT(S)	3.70E+21	0.00	67 400.0
3	H+PT(S)=>H(S)	1.00	0.0	0.0
4	O2+2PT(S)=>2O(S)	1.80E+21	−0.5	0.0
5	O2+2PT(S)=>2O(S)	0.023	0.00	0.00
6	2O(S)=>O2+2PT(S)	3.70E+21	0.00	2 132 000
7	O+PT(S)=>O(S)	1.00	0.0	0.0
8	H2O+PT(S)=>H2O(S)	0.75	0.0	0.0
9	H2O(S)=>H2O+PT(S)	1.0E+13	0.00	40 300.0
10	OH+PT(S)=>OH(S)	1.00	0.0	0.0
11	OH(S)=>OH+PT(S)	1.0E+13	0.00	1 928 000
12	H(S)+O(S)=OH(S)+PT(S)	3.70E+21	0.00	11 500.0
13	H(S)+OH(S)=H2O(S)+PT(S)	3.70E+21	0.00	17 400.0
14	OH(S)+OH(S)=H2O(S)+O(S)	3.70E+21	0.00	48 200.0
15	CO+PT(S)=>CO(S)	1.618E+20	0.5	0.0
16	CO(S)=>CO+PT(S)	1.00E+13	0.00	1 255 000
17	CO2(S)=>CO2+PT(S)	1.00E+13	0.00	20 500.0
18	CO(S)+O(S)=>CO2(S)+PT(S)	3.70E+21	0.00	1 050 000
19	CH4+2PT(S)=>CH3(S)+H(S)	4.633 4E+20	0.5	0.0
20	CH3(S)+PT(S)=>CH2(S)+H(S)	3.70E+21	0.00	20 000.0
21	CH2(S)+PT(S)=>CH(S)+H(S)	3.70E+21	0.00	20 000.0
22	CH(S)+PT(S)=>C(S)+H(S)	3.70E+21	0.00	20 000.0
23	C(S)+O(S)=>CO(S)+PT(S)	3.70E+21	0.00	62 800.0
24	CO(S)+PT(S)=>C(S)+O(S)	1.00E+18	0.00	184 000.0